ライン

LINEで

困ったときの

解決&便利技 改訂2版

JN014385

技術評論社

本書の使い方

セクションという単位
ごとに解説しています。

あなたの「困った！」が
すぐに見つけられます。

解決方法のまとめ
を表しています。

Section
069

第4章 LINEの＜スタンプ＞でここが困った！

無料でも使える
スタンプはある？

スタンプショップのスタンプのほとんどは有料ですが、無条件でダウンロードできる無料スタンプや、一定の条件をクリアすると無料で入手できるスタンプもあります。気軽にダウンロードしてみましょう。

操作内容の
見出しです。

1 無料のスタンプをダウンロードする

解決のポイン
トを解説して
います。

スタンプショップに掲載されているスタンプの多くは有料ですが、無料でダウンロードできるスタンプが配信されていることがあります。「無料」と表示されているスタンプを見つけたら、ぜひダウンロードしてみましょう。無料スタンプの「スタンプ情報」画面で＜ダウンロード＞をタップするだけで、すぐにダウンロードすることができます。

画面上での操
作を解説して
います。

検索

ブラウン

LINE
ふわカワ♪LINEキャラクターズ
100

LINE
LINEキャラ★Happy Holiday
100

LINE
乙女チック☆LINEキャラ
100

LINE
夏のぷにかわ★LINEキャラクターズ
100

LINE
LINEキャラ★Party Time
100

LINE
ムーンの学園生活
100

LINE
おさぎの国のLINEキャラクターズ☆
100

LINE
ブラウン・コニー
無料

テレビ東京コミュニケーションズ/SNOOPY
スヌーピー（60's）
100

▲スタンプショップで「無料」と表示されているスタンプを見つけてタップする

＜ スタンプ情報   ホーム ＜

LINE ＞
ブラウン・コニー
有効期間 期限なし

無料

ダウンロード

バージョンアップで27個も新しいスタンプが追加され、もっと充実になったLINE定番の無料スタンプ

▲「スタンプ情報」画面で＜ダウンロード＞をタップし、＜確認＞をタップすると、トークで使用できるようになる

スタンプ

98

- LINE の「トラブル」や「やりたいこと」の解決法をコンパクトにまとめて、手軽に利用できるようになっています。
- ポイントを解説したテキストと具体的な図解で、「困った！」がすぐに解決できるようになっています。

2 イベントスタンプをダウンロードする

イベントスタンプとは、一定の条件を満たせば無料で使うことができるスタンプです。企業などのアカウントによって提供されている場合が多く、提供元の公式アカウントと友だちになったり、対象製品に付いているシリアルナンバーを入力したりすることで、スタンプを無料で入手できるしくみです（Sec.100 参照）。

イベントスタンプを入手するには、まずスタンプショップで＜イベント＞をタップします。イベントスタンプの一覧からスタンプをタップして「スタンプ情報」画面を開くと、スタンプをダウンロードするための条件が表示されているので、条件をクリアして入手しましょう。

無料スタンプと同様、イベントスタンプで注意したいのは、スタンプごとに設定されている有効期間です。有効期間を過ぎると使用できなくなってしまうので、ダウンロードする際によく確認しておきましょう。

> 大きな画面で該当箇所がよくわかるようになっています。

▲スタンプショップで＜イベント＞をタップし、スタンプ一覧から欲しいスタンプをタップする

▲＜友だち追加＞や＜シリアルナンバー入力＞などをタップして条件をクリアし、＜ダウンロード＞をタップする

章が探しやすいように、章の見出しを表示しています。

第4章
LINEのスタンプ▽でここが困った！

次の3種類の「解説」を配置しています。

Memo：補足説明

Hint：便利な操作

StepUp：応用操作

Memo ダウンロード後に提供元アカウントを削除する

友だち追加が条件のイベントスタンプをダウンロードしたあと、提供元のアカウントを友だちから削除（Sec.031参照）しても、引き続きスタンプを使うことができます。

99

3

第1章 LINEの＜始め方＞でここが困った！

第2章 LINEの＜友だち＞でここが困った！

第3章 LINEの＜通話・トーク＞でここが困った！

C O N T E N T S

第6章 LINEの＜関連サービス＞でここが困った！

第7章 LINEの＜プライバシー・セキュリティ＞でここが困った！

第8章 LINEの＜引き継ぎ＞でここが困った！

LINEの
<始め方>で
ここが困った！

LINEって
何ができるの?

「LINE」とは、インターネットを通じて、メッセージや通話などのやりとりがいつでもどこでも無料でできるアプリです。また、LINE独自の「スタンプ」を使えば、楽しいコミュニケーションができます。

1 無料で友だちと交流できる

「LINE」は、友だちとメッセージや通話などのやりとりが無料でできるアプリです。いつでもどこでも連絡することができるため、親しい関係の友だちに気軽に連絡したいときに便利です。また、相手の顔を見ながら会話することができるビデオ通話機能も無料で利用できます。

しかし、友だちが LINE を使用していなかったり、使用していても自分の「友だち」(Sec.015 参照) として登録されていなければ、これらのコミュニケーションを取ることはできません。もちろん、相手が LINE ユーザーであればかんたんに友だちに登録することができますし、LINE ユーザーでない場合でも招待することができます。仲間を友だちに登録して、LINEで楽しく交流しましょう。

通話やメッセージのやりとりが無料で楽しめる

トーク　　無料通話　　ビデオ通話

始め方

② 多彩なコミュニケーション方法

　メッセージをやりとりする「トーク」では、テキストや絵文字はもちろん、写真、動画、音声、位置情報なども送受信できます。トークでとくに魅力的なのは、キャラクターなどの表情豊かな「スタンプ」を送り合うことができる点です。スタンプを活用すれば、文章だけでは伝えられない気持ちをありのまま伝えることができます。

　また、大切な情報をまとめられる「ノート」や、友だちと共有できる「アルバム」を活用すると、一層コミュニケーションが便利になります。イベントのスケジュールを立てたときなどにはノートを、思い出の写真をまとめるときなどにはアルバムを、それぞれ活用してみましょう。

　さらに、「グループ」機能を利用すれば、複数の友だちと一度に交流することができます。グループでもノートやアルバムが利用できるので、仲間だけの情報交換や、イベントで撮った写真の共有などがかんたんにできます。

▲スタンプを使えば、楽しく豊かなコミュニケーションができる

▲グループ機能を使えば、みんなと一度に交流できる

LINEの始め方を教えて!

LINEは、スマートフォン、タブレット、パソコンといった端末と、認証番号を受け取る電話番号があれば始めることができます。ここでは、Androidスマートフォンでの登録手順を紹介します。

① LINEのアカウントを新規登録する

LINE は、Android スマートフォンや iPhone をはじめ、さまざまな端末で利用することができます。スマートフォンに「LINE」アプリがインストールされていない場合、Android スマートフォンでは Play ストア、iPhone では App Store からインストールしましょう。また、端末によって利用できる機能に制限はありますが、Windows や Mac などのパソコン、タブレットなどでも利用が可能です。

なお、いずれの端末でも LINE を始めるには、登録に必要な認証番号を受け取る電話番号と、インターネットに接続できる環境が必須です。

1 LINEの初期画面で＜はじめる＞をタップします。	**4** ＜OK＞をタップすると、次の画面で自動的に認証番号が入力されます。

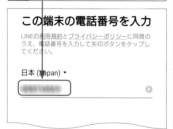

2 スマートフォンの電話番号を入力し、

この端末の電話番号を入力

LINEの利用規約とプライバシーポリシーに同意のうえ、電話番号を入力して矢印ボタンをタップしてください。

日本 (Japan) ▾

3 ●をタップします。

日本 (Japan) ▾

上記の電話番号にSMSで認証番号を送ります。

キャンセル | OK

認証番号が自動的に入力されない場合は、SMSで受け取った認証番号を入力すると、P.13手順**5**の画面が表示されます。

始め方

5 ＜アカウントを新規登録＞をタップし、

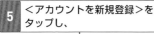

6 名前を設定して、

アカウントを新規登録

プロフィールに登録した名前と写真は、LINEサービス上で公開されます。

勝又 晴香

7 ●をタップします。

8 使用したいパスワードを2回入力し、

パスワードを登録

パスワードは、半角英字と半角数字の両方を含む半角6文字以上で登録してください

9 ●をタップします。

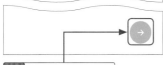

10 「友だち自動追加」と「友だちへの追加を追加」（Sec.005参照）を設定し、

友だち追加設定

以下の設定をオンにすると、LINEは友だち追加のためにあなたの電話番号や端末の連絡先を利用します。
詳細を確認するには各設定をタップしてください。

友だち自動追加

友だちへの追加を許可

11 ●をタップします。

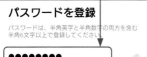

12 「年齢確認」画面で＜あとで＞をタップし、

年齢確認

より安心できる利用環境を提供するため、年齢確認を行ってください。

NTT docomoをご契約の方

LINEモバイルをご契約の方

あとで

13 ＜同意する＞→＜OK＞の順にタップすると、登録が完了します。

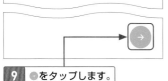

<端末の位置情報>
LINEは上記サービスを提供するため、LINEアプリが画面に表示されている際に、ご利用の端末の位置情報と移動速度を取得することがあります。 取得した情報はプライバシーポリシーに従って取り扱います。 詳細はこちらをご確認ください。

上記の位置情報の利用に同意する（任意）

LINE Beaconの利用に同意する（任意）

OK

Section
003
スマートフォンを持って いないと登録できないの?

LINEは、タブレットやパソコンからでもアカウントの新規登録が可能です。SMSを受信できる電話番号を持っていない場合は、固定電話で認証番号を受け取って登録しましょう。

① iPadでLINEに登録する

スマートフォンを持っていない場合は、タブレットやパソコンからでもLINE に登録することができます。タブレットやパソコンには電話番号がないため、固定電話を利用して登録を進めましょう。ここでは、iPad での登録手順を紹介します。

1	LINEの初期画面で<アカウントを新規登録>をタップし、

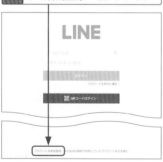

2	<はじめる>をタップします。

3	固定電話の電話番号を入力し、

4	●をタップして、<送信>をタップします。

5	<通話による認証>をタップし、<OK>をタップします。

始め方

| 6 | P.14手順**3**で入力した番号に電話がかかってくるので、音声ガイダンスで伝えられた認証番号を入力します。 |

| 7 | ＜アカウントを新規登録＞をタップし、 |

| 8 | 名前を設定して、 |

| 9 | ●をタップします。 |

| 10 | 使用したいパスワードを2回入力し、 |

| 11 | ●をタップします。 |

| 12 | 「友だち自動追加」と「友だちへの追加を追加」（Sec.005参照）を設定し、 |

| 13 | ●をタップします。 |

| 14 | ＜同意する＞をタップすると、登録が完了します。 |

Memo パソコンでLINEに登録する

LINEはパソコンからでも利用できます。LINEのホームページにアクセスし、＜ダウンロード＞をクリックすると、Windows、Mac、Chromeに対応したLINEをインストールできます。パソコンで新規登録を行う場合、認証番号を受け取ることができる携帯番号や固定電話番号を使用しましょう。

利用登録で気を付けるべきことを知りたい

LINEを利用する際には、友だちの追加に関係する「友だち追加設定」や、プライバシーに関わる名前の登録にはとくに注意が必要です。慎重に設定しましょう。

① 友だち追加設定に注意する

LINE の利用登録の途中で「友だち自動追加」を有効にすると、LINE をインストールした端末に入っている電話帳を利用して、友だちを自動で追加できます（Sec.021 参照）。しかし、このとき自分の意図しない LINE ユーザーも、友だちに追加されてしまう可能性があります。自動で友だちを追加したくない場合は、「友だち自動追加」を無効にしておきましょう。詳しくは Sec.005 で説明しています。

② 登録する名前に注意する

利用登録では LINE で使用する名前も登録します。ここで本名を登録すると、まったく面識のない相手に本名が知られてしまうおそれがあります。悪意を持った相手に本名を知られることがないように、本名での登録は注意して行いましょう。本名で登録する場合は、利用登録の途中で「友だちへの追加を許可」を無効にし、意図しない相手に友だちに登録されないように配慮しましょう。

③ 年齢確認を行う

LINE では安全のため、18 歳未満のユーザーは ID 検索（Sec.012 参照）や電話番号検索が利用できなくなっています。18 歳以上のユーザーも、年齢確認を行わなければ検索機能が使えません。検索機能を利用したい 18 歳以上のユーザーは、Sec.006 を参考に年齢確認を行いましょう。

始め方

Section

005

「友だち自動追加」
「友だちへの追加を許可」って何?

LINEには、電話帳から自動で友だちを追加する機能があります。友だちを追加したくない場合、自分が友だちに追加されたくない場合は、「友だち自動追加」と「友だちへの追加を許可」を無効にします。

① 「友だち自動追加」と「友だちへの追加を追加」

はじめに LINE を起動すると利用登録画面が表示されるので、<はじめる>をタップして登録を進めます。画面の指示に従って、電話番号やメールアドレス、パスワードなどの設定をしていきます。

利用登録の途中で「友だち自動追加」を有効にすると、LINE をインストールした端末に入っている電話帳を利用して、友だちを自動で追加できます（Sec.021 参照）。しかし、このとき自分の意図しない LINE ユーザーも、友だちに追加されてしまう可能性があります。自動で友だちを追加したくない場合は、「友だち自動追加」を無効にしておきましょう。

また、自分の連絡先を知っている友だちが「友だち自動追加」を有効にすると、自分が相手の友だちとして自動で追加される場合があります。自分が自動で追加されたくない場合は、「友だちへの追加を許可」も無効にしておきましょう。

友だち追加設定

以下の設定をオンにすると、LINEは友だち追加のためにあなたの電話番号や端末の連絡先を利用します。
詳細を確認するには各設定をタップしてください。

- 友だち自動追加
- 友だちへの追加を許可

◀友だちを自動で追加したくない場合や、自分が自動で友だちに追加されたくない場合は、「友だち自動追加」や「友だちへの追加を許可」を無効にする

Section

006

年齢確認は
最初にするべき？

LINEでは、青少年のトラブルを防ぐため、18歳未満のユーザーに対して一部の機能の利用制限が設けられています（Sec.004参照）。利用制限を解除するには、年齢確認を行う必要があります。

① 年齢確認をする

ID検索や電話番号検索を利用したい18歳以上のユーザーは、LINEの利用登録の途中で年齢確認に進みましょう。なお、登録の際に年齢確認をスキップした場合でも、あとから年齢確認を行うことができます。

年齢確認の方法はキャリアによって異なります。ここでは、ドコモの端末の場合の年齢確認の方法を紹介します。

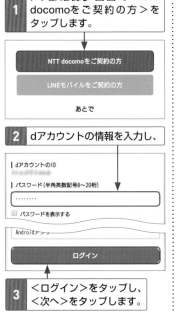

| 1 | 「年齢確認」画面で<NTT docomoをご契約の方>をタップします。 |

NTT docomoをご契約の方

LINEモバイルをご契約の方

あとで

| 2 | dアカウントの情報を入力し、 |

dアカウントのID

パスワード（半角英数記号8～20桁）

‥‥‥‥

▢ パスワードを表示する

Androidアプリ

ログイン

| 3 | <ログイン>をタップし、<次へ>をタップします。 |

| 4 | 「年齢判定結果の通知」を設定し、 |

▌年齢判定結果の通知

ドコモの年齢判定機能を利用し、判定結果をLINEに通知しますか？

判定結果の通知

● 通知する
○ 通知しない

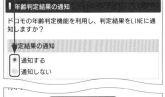

実行 ＞

| 5 | <実行>をタップして、LINEの登録を進めます。 |

| 6 | 「設定」の「年齢確認」画面を表示すると、年齢認証結果が確認できます。 |

< 年齢確認

年齢確認結果
ID検索可
ID検索機能は携帯電話会社の年齢認証で、「ID検索可」と判定された方のみ利用できます。

メールアドレスを間違えて登録してしまった!

メールアドレスを間違えて登録してしまったときは、「アカウント」画面から変更が可能です。なお、メールアドレスの変更には認証番号の入力を求められます。

① メールアドレスを変更する

　LINE の登録時に使用したメールアドレスを変更したい場合は、「アカウント」画面から変更を行います。なお、機種変更の際にも事前のメールアドレスの登録が推奨されています（Sec.129 参照）。登録されているメールアドレスが最新のものではない場合は、新しいメールアドレスを登録し直しましょう。

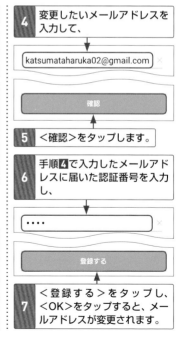

1 「ホーム」画面で🔧をタップし、

2 ＜アカウント＞→＜メールアドレス＞の順にタップします。

＜ アカウント

電話番号　　　　　　　　　　　変更
+81

メールアドレス
登録完了

パスワード
登録完了

3 ＜メールアドレス変更＞をタップし、

＜ メールアドレス変更

katsumataharuka01@gmail.com

メールアドレス変更

メールアドレスの登録を解除

4 変更したいメールアドレスを入力して、

katsumataharuka02@gmail.com　×

確認

5 ＜確認＞をタップします。

6 手順**4**で入力したメールアドレスに届いた認証番号を入力し、

・・・・　　　　　　　　　　×

登録する

7 ＜登録する＞をタップし、＜OK＞をタップすると、メールアドレスが変更されます。

Section

008

画面の見方が
わからない

LINEには、「トーク」や「タイムライン」などさまざまな機能があり、メイン画面から各機能にアクセスできるようになっています。まずは、メイン画面の見方を確認しましょう。

1 メイン画面の見方

LINE を起動すると、友だちが一覧表示されるホーム画面が表示されます。画面下部のアイコンをタップすることで、「ホーム」「トーク」「タイムライン」「ニュース」「ウォレット」といった主要な機能を切り替えることができます。

なお、Android 版と iPhone 版の画面はデザインが若干異なります。

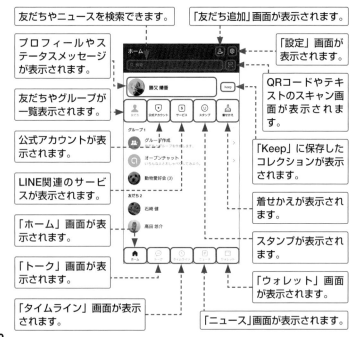

友だちやニュースを検索できます。

「友だち追加」画面が表示されます。

プロフィールやステータスメッセージが表示されます。

「設定」画面が表示されます。

友だちやグループが一覧表示されます。

QRコードやテキストのスキャン画面が表示されます。

公式アカウントが表示されます。

「Keep」に保存したコレクションが表示されます。

LINE関連のサービスが表示されます。

着せかえが表示されます。

「ホーム」画面が表示されます。

スタンプが表示されます。

「トーク」画面が表示されます。

「ウォレット」画面が表示されます。

「タイムライン」画面が表示されます。

「ニュース」画面が表示されます。

始め方

名前を変更したい

LINEアカウント作成時に登録した自分の名前は、「プロフィール」画面からいつでも変更することができます。名前を間違って登録してしまった場合などに変更しましょう。

1 名前はいつでも変更できる

LINE で使用する名前は、いつでも変更することができます。間違えて登録してしまった場合や、表記を変えたい、もっとわかりやすいニックネームに変えたいなどの場合は、名前を変更しましょう。ただし、本名をフルネームで登録すると、面識のない相手にまで名前を知られてしまう可能性もあるので（Sec.004 参照）、本名を使用する場合は名字のみや名前のみにするなどの工夫をしてもよいでしょう。

名前の修正や変更は、下記の方法で行うことができます。

▲「ホーム」画面でプロフィールをタップし、<プロフィール>をタップすると、「プロフィール」画面が表示される

▲入力欄の名前を修正・変更したら、<保存>をタップする

プロフィール画像を設定したい

自分のお気に入りの写真をプロフィール画像として設定することで、友だちに自分をアピールすることができます。また、アイコンを定期的に変更することで、直近の様子を知らせるツールにもなります。

1 プロフィールにアイコンを設定する

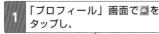

プロフィール画像を設定すると、「ホーム」画面などの自分のアカウントにアイコンとして表示させることができます。このアイコンは、トークルーム（Sec.038 参照）でも自分のメッセージといっしょに表示されるので、設定しておくと相手に自分の存在を見分けてもらいやすくなります。もちろん、必ずしも自分の顔写真を設定しなければならないわけではありません。プライバシー上の不安がある場合は、顔写真以外のお気に入りの画像を設定してもよいでしょう。

プロフィール画像は、端末内の画像を使用できますが、その場で写真を撮って使用することもできます。その場で撮った写真を使用したい場合は、下記の手順2で＜カメラで撮影＞をタップして撮影しましょう。ここでは、端末内の画像から選択する場合の手順を解説します。

1 「プロフィール」画面で📷をタップし、

2 ＜写真・動画を選択＞をタップします。

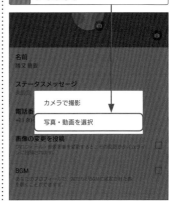

始め方

3 端末に保存されている画像が表示されるので、プロフィールに使いたい画像をタップします。

すべて ▼

4 四隅をドラッグして使いたい画像の範囲を調整し、

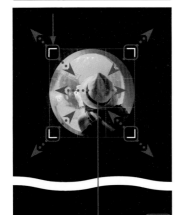

5 枠内をドラッグして位置を調整したら、

6 <次へ>をタップします。

◎をタップすると、画像が90°回転します。

7 適用したい効果をタップして、

Cosmos　Blue Dust　Ruby Dust　Gold Dust　Gleam　Snow

□ ストーリーに投稿　完了

8 <完了>をタップします。

↓をタップすると、効果を適用した画像を保存できます。

9 手順 **1** の画面に戻り、プロフィール画像が反映されていることが確認できます。

〈 プロフィール

名前
勝又 晴香

ステータスメッセージ
未設定

Section 011

ホームのカバー画像を変更したい

ホームを開くと、プロフィールアイコンの背景に大きく画像が表示されます。ここには端末に保存済みのお気に入りの画像などをカバー画像として設定することができます。

① カバー画像を設定する

プロフィールアイコンをタップしてホームを開くと、プロフィールアイコンの背景に大きく画像が表示されます。ここには「カバー画像」と呼ばれる画像を、プロフィール画像と同じように自由に設定することができます。

ホームは、自分のみならず友だちが訪れることもある場所です。お気に入りの画像や、近況を伝えられる写真を飾って、訪問してくれた友だちにアピールしましょう。季節や気分に合わせて定期的に画像を入れ替えると、気分転換にもなります。

▲「プロフィール」画面で🖼をタップし、カバーに設定したい画像をタップして、調整や編集を進める

▲カバー画像を変更すると、プロフィールに反映される

始め方

LINE IDを設定したい

LINE IDとは、LINE上でのユーザー固有のIDです。LINE IDを設定しておくと、LINE IDによる検索を利用することで、かんたんに友だちに追加してもらうことができます。

① 自分固有のIDを設定する

LINE ID は、ユーザー固有の ID です。LINE ID を検索するだけで友だちに追加してもらうことができるようになる（Sec.020 参照）ので、ぜひ設定しておきましょう。

LINE ID は、「プロフィール」画面で< ID >をタップすると設定できます。自分の好みの ID を設定することができますが、すでにほかのユーザーによって取得されている ID は設定できません。なお、一度設定すると、変更したり削除したりすることができないので、よく確認してから設定するようにしましょう。

< プロフィール
名前 勝又 晴香
ステータスメッセージ 未設定
電話番号 +81 ●● ●●●● ●●●●
画像の変更を投稿 プロフィール・背景画像を変更すると、その変更がタイムラインに投稿されます。 □
BGM あなたのプロフィールで、友だちがBGMに設定された曲を聴くことができます。 □
ID 未設定
IDによる友だち追加を許可 他のユーザーがあなたのIDを検索して友だち追加することができます。 □
QRコード

▲「プロフィール設定」画面で<ID>をタップする

< ID
LINEユーザーはあなたをIDで検索できます。 一度設定したIDは変更できません。
17/20
●●●●●●●●●●● ⊗
使用可能か確認
全角　1　2　3　⌫

▲入力欄に使用したいIDを入力し、<使用可能か確認>をタップする。「このIDは利用可能です。」と表示されたら<保存>をタップして設定する

第1章 LINEの〈始め方〉でここが困った！

25

Section 013

「ステータスメッセージ」って何？

LINEには、自分のアカウントの欄に「ステータスメッセージ」を表示する機能があります。文字だけでなく絵文字も使えるので、そのときの気分を手軽に友だちに伝えることができます。

①「ステータスメッセージ」で近況などを知らせる✦

今の自分の気持ちや状況をさりげなく表現する「ステータスメッセージ」は、「友だち」リストや「ホーム」画面で自分のアカウントの下に表示される短いコメントです。「プロフィール」画面で<ステータスメッセージ>をタップすると表示される画面で設定することができます。近況やこれからの予定だけでなく、著名人の格言や自分の座右の銘などを表示している人もいます。

ステータスメッセージを削除したい場合は、「ステータスメッセージ」画面で入力欄にあるメッセージを空欄にし、<保存>をタップしましょう。いつでも気軽に書き換えることができるので、ぜひ自分らしい言葉で今の気分を友だちに伝えてみてください。

▲「プロフィール」画面で<ステータスメッセージ>をタップする

▲入力欄にステータスメッセージを入力したら、<保存>をタップする

始め方

26

第**2**章

LINEの
<友だち>で
ここが困った！

Section 014

「友だち」リストって どう表示するの？

「友だち」リストは「ホーム」画面の＜友だち＞タブをタップすること
で表示できます。「友だち」リストには、友だちのほかに「グループ」
と「知り合いかも？」が表示されます。

1 「友だち」リストを表示する

　「友だち」リストを表示するには、「ホーム」画面の上部にある＜友だち＞
タブをタップします（iPhone では「ホーム」画面にあらかじめ表示され
ています）。リストにいる任意の友だちをタップすると、「無料通話」
(Sec.033 参照)、「トーク」(Sec.038 参照)、「ビデオ通話」(Sec.036
参照) を選択できます。

　また、「友だち」リストには、「グループ」(Sec.079 参照) と「知り合
いかも？」(Sec.016 参照) が表示されます。各項目の　をタップすると、
その項目を折りたたむことができます。「知り合いかも？」など、表示し
なくても問題ない項目は折りたたんでおきましょう。

◀「ホーム」画面上部の＜友だち＞タブをタッ
プすると、「友だち」リストが表示される。
各項目の　をタップすれば、項目を折りた
たむことができる

友だち

「友だち」になると何ができるの？

ほかのLINEユーザーを「友だち」に追加すると、メッセージや写真などのやりとりや、無料通話やビデオ通話などが、いつでもどこでも楽しめるようになります。

1 コミュニケーションが楽しめる

ほかの LINE ユーザーを「友だち」に追加すると、メッセージや写真などのやりとりができるトークのほか、音声通話やビデオ通話などが無料で楽しめるようになります。またトークでは、友だちとの 1 対 1 の会話だけでなく、複数人のグループの会話もかんたんに楽しめます。友だちとの他愛ないおしゃべりからビジネス上の業務連絡まで、さまざまな用途でのコミュニケーションに活用することができます。

まずはふるふる機能（Sec.017 参照）や QR コード機能（Sec.018 参照）などを利用して友だちを探し、友だちリストへの追加を行いましょう。友だちをわざわざ 1 人ずつ追加するのが面倒な場合は、スマートフォンなどの電話帳を使って、友だちを自動で追加することもできます（Sec.021 参照）。なお、友だちの追加に相手の許諾は必要ありません。一方的に相手を友だちに追加できます。ただし、自分と相手の双方がお互いを友だちに追加しなければ、無料通話は利用できません。

友だち登録のしくみ

▲BがAを友だちに追加していないため、AとBの間でトークなどは利用できるが、無料通話は利用できない

▲AもBもお互いに友だちに追加しているため、AとBの間で無料通話も利用できる

「知り合いかも?」 って何?

「友だち追加」画面の「知り合いかも?」欄に、友だちになっていない人がリストアップされることがあります。その中に知り合いがいれば、かんたんに友だち登録することができます。

1 「知り合いかも?」が表示される主な理由

「友だち追加」画面の「知り合いかも?」欄にアカウントが表示される場合には、主に3つのケースがあります。

まず、相手が自分の電話番号を端末に登録しているうえで「友だち自動追加」(Sec.021 参照) を有効にしており、自分が「友だちへの追加を許可」(Sec.026 参照) を有効にしている場合です。次に、相手が自分の ID を検索して友だちに追加した場合です。最後に、相手が自分の QR コードから友だちに追加した場合です。以上のいずれの場合でも、「知り合いかも?」欄にそれぞれ理由が表示されます。

同じグループに入っていても友だち登録されていない相手の場合や、トーク内から相手が自分を友だちに追加した場合、理由が表示されません。なお、まったく知らない人が表示された場合、ブロック (Sec.028) してもよいでしょう。

◀「知り合いかも?」欄に表示されているアカウントには、どのような手段で相手が自分を友だちに追加したかが表示される

Memo 「知り合いかも?」欄から友だちを追加する

「知り合いかも?」欄に表示されたアカウントを友だちに追加したいときは、アカウントをタップし、<追加>をタップします。なお、まったく知らない人のアカウントであれば、追加しないように気を付けましょう。

友だち

近くにいる人を 友だちに追加したい

近くにいる人をその場で友だちに追加するなら、端末を振るだけで友だちに追加できる「ふるふる」機能が便利です。近くにいる友だちといっしょに端末を振ってお互いを検知しましょう。

1 ふるふる機能で友だちを追加する

「ふるふる」機能は、端末の位置情報サービスを利用して、同時に端末を振っている近くの LINE ユーザーを検知し、友だちに追加する機能です。端末の位置情報サービスを無効にしている場合は、ふるふる機能を使う前に位置情報の設定を有効にしておきましょう。

なお、この機能は複数人でも利用することができます。そのため人が多い場所では、近くでふるふる機能を使っている別の LINE ユーザーを検知することがあります。＜追加＞をタップする前に、友だちであるかどうかを確認し、追加したい人だけにチェックを付けるようにしましょう。

▲「友だち追加」画面（P.20参照）で＜ふるふる＞をタップしたら、友だちといっしょに端末を振る

▲友だちのアカウントが表示されたらタップしてチェックを付け、＜追加＞をタップする。相手も同様に操作すると、お互いに友だちに追加される

31

Section 018

QRコードを使って友だちを追加したい

LINEユーザーはそれぞれアカウントのQRコードが設定されており、それを読み取ることで友だちを追加することができます。相手のQRコードを読み取るか、自分のQRコードを相手に読み取ってもらいましょう。

① QRコードで友だちを追加する

「ふるふる」機能のほかに、「QR コード」機能を使って近くにいる人を友だちに追加することもできます。LINE ユーザーにはそれぞれ固有の QR コードがあり、相手のスマートフォンなどで QR コードを表示してもらうか、QR コードをメールに添付して送ってもらい、カメラで読み取ることで、友だちの追加を実行できます。

LINE には、QR コードの読み取り機能があらかじめ備わっているので、スマートなアカウント交換が可能です。「ホーム」画面で■をタップ、または「友だち追加」画面で＜ QR コード＞をタップすると、読み取り画面が表示されます。

このとき＜マイ QR コード＞をタップすると、自分の QR コードが表示されます。また、「マイ QR コード」画面で ≪（iPhone では ⬆）をタップし、＜他のアプリ＞をタップすると、メールなどで自分の QR コードを友だちに共有することができます。

▲読み取り画面を表示したら、相手が表示しているQRコードにカメラを向けて読み取る

▲読み取ったアカウントが表示されたら、＜追加＞をタップして追加する

相手から送られてきた QRコードを読み込みたい

QRコードは直接画面を読み取らなくても、メールなどで送られてきた QRコードの画像から友だち追加することもできます。遠方の友だちを 追加したいときに便利です。

①送られてきたQRコードで友だちを追加する

QR コードは、相手のスマートフォンの画面を直接読み取らなくても、 メールなどで送られてきた画像を読み込むことでも友だち追加が可能で す。

まずは、友だちから送られてきた QR コードの画像を保存しておきます。 QR コードの読み取り画面で右上のサムネールをタップし、保存した QR コードの画像をタップすると、自動的に QR コードが読み込まれ、友だち が表示されます。問題がなければ<追加>をタップして、友だちに追加し ましょう。

また、自分が友だちにマイ QR コードの画像を送りたい場合は、読み取 り画面で<マイ QR コード>をタップし、↓をタップして画像を保存しま す。メールや SNS などに添付して、友だちに QR コードを送りましょう。

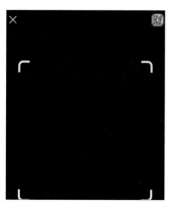

▲メールなどで送られてきたQRコードの画 像を保存しておき、読み取り画面右上のサ ムネールをタップする

▲保存したQRコードの画像をタップすると、 自動的にQRコードが読み込まれ、友だちが 表示される

LINE IDを検索して友だちを追加したい

友人とやりとりをする前に、まずはお互いに友だちに追加し合っておきましょう。ここでは、LINE IDの検索で友だちを見つける方法を解説します。なお、18歳未満のユーザーはID検索を利用することができません。

1 ID検索で友だちを追加する

LINE ID（Sec.012参照）を設定している友だちであれば、かんたんに友だちに追加することができます。「友だち自動追加」（Sec.021参照）を無効にしている場合や、有効にしていても電話番号を知らない相手を追加したいときに便利な方法です。ID検索で友だちのIDを検索し、<追加>をタップするだけで追加することができます。

なお、ID検索を利用するには、検索される相手が「IDによる友だち追加を許可」（Sec.114参照）を有効にしている必要があります。この操作を行う際にも、年齢確認（Sec.006参照）が必要です。どちらの機能も18歳未満のユーザーは利用できません。

Memo 年齢確認をスキップしていた場合

利用登録の年齢確認画面で<あとで>をタップしていた場合は、P.35手順 5 のあとで「年齢認証」画面が表示されます。画面の指示に従って、年齢確認を行いましょう。

友だち

3 入力欄に友だちのLINE IDを入力し、

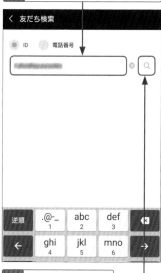

< 友だち検索

● ID ○ 電話番号

| 逆順 | .@-_ 1 | abc 2 | def 3 | ⌫ |
| ← | ghi 4 | jkl 5 | mno 6 | → |

4 をタップします。

5 入力したLINE IDに該当する友だちが表示されたら、<追加>をタップします。

< 友だち検索

● ID ○ 電話番号

高田 悠介

追加

6 友だちが追加されます。

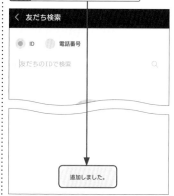

< 友だち検索

● ID ○ 電話番号

友だちのIDで検索

追加しました。

Memo 友だちが表示されない場合

検索したLINE IDで友だちが表示されない場合は、入力したLINE IDが間違っている可能性があります。友だちのLINE IDを確認し、正確な文字列で検索し直しましょう。正しいLINE IDを入力しても検索できない場合は、相手が「IDによる友だち追加を許可」を無効に設定している可能性が考えられます（Sec.114参照）。この場合は、ふるふる機能などで友だちを追加するようにしましょう。

< 友だち検索

● ID ○ 電話番号

takadayuusuk

該当するユーザーが見つかりませんでした。

第2章 LINEの〈友だち〉でここが困った！

35

Section 021 電話帳から友だちを追加したい

友だちを1人ずつ追加するのが面倒なときは、「友だち自動追加」機能が便利です。スマートフォンや各端末の電話帳を使って、自動的に友だちを追加することができます。

1 友だちを電話帳で自動的に追加する

「友だち自動追加」とは、スマートフォンなどの電話帳に登録されている友だちをまとめて LINE の友だちリストに追加する機能です。電話帳内の電話番号と、LINE ユーザーのアカウントに登録されている電話番号を照合し、一致する電話番号を持つユーザーが自動的に自分の友だちとして追加されるしくみです。ただし、相手が「友だちへの追加を許可」を無効にしている場合は、電話番号が一致しても友だちリストには追加されません（Sec.026 参照）。

1 「ホーム」画面で ⚙ をタップし、

2 <友だち>をタップします。

3 <友だち自動追加>をタップします。

< 友だち

友だち追加

友だち自動追加
端末の連絡先に含まれるLINEユーザーを自動で友だち追加します。同期ボタンをタップすると、現在の連絡先の情報を同期できます。

友だちへの追加を許可

4 <確認>（iPhoneでは<OK>）をタップすると、友だち自動追加が開始されます。

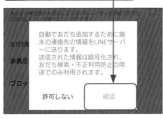

あなたの電話番号を保有しているLINEユーザーが自動で友だちに追加され

友だち

非表示

プロ

自動で友だち追加するために端末の連絡先の情報をLINEサーバーに送ります。
送信された情報は暗号化され、友だち検索・不正利用防止の用途でのみ利用されます。

許可しない　　　確認

5 電話帳の内容が変更になった場合は、「最終追加」の⊚をタップします。

< 友だち

友だち追加

友だち自動追加
端末の連絡先に含まれるLINEユーザーを自動で友だち追加します。同期ボタンをタップすると、現在の連絡先の情報を同期できます。

最終追加：
2020/01/23 13:42

友だちへの追加を許可
あなたの電話番号を保有しているLINEユーザーが自動で友だちに追加したり、検索することができます。

友だち管理

6 ほかのLINEユーザーが自分を自動追加することを許可するときは、<友だちへの追加を許可>をタップし、

7 <確認>（iPhoneでは<OK>）をタップします。

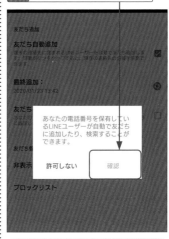

友だち追加

友だち自動追加

最終追加：
2020/01/23 13:42

友だち

あなたの電話番号を保有しているLINEユーザーが自動で友だちに追加したり、検索することができます。

友だち管

非表示　　許可しない　　確認

ブロックリスト

Memo 「友だち自動追加」で注意したいこと

友だちを一括登録できる「友だち自動追加」は、とても便利な機能ですが、注意したい点もあります。電話帳の連絡先は、LINEでつながりたい友だちばかりとは限りません。仕事の関係者や疎遠になっている知り合いもいるでしょう。「友だち自動追加」を有効にすると、LINEのアカウントを知られたくない相手も友だちに追加してしまう可能性があります。一度追加した友だちは、自動追加を無効にしても手動で削除するまで消えることはありません。こうしたLINEの仕様を知ったうえで利用しましょう。

Section 022

LINEを使っていない人を招待したい

まだLINEを始めていない友だちを、LINEに招待することもできます。自分のアカウント情報付きの招待メールを送りましょう。同じ手順でメールのかわりにSMSを送信することもできます。

① メールで友だちを招待する

ID検索や「友だち自動追加」で追加できなかった人は、「友だちへの追加を許可」を無効にする（Sec.026参照）などの手段で自分のアカウントを保護しているか、まだLINEを始めていない可能性があります。そういった友だちには、自分のアカウント情報をメールで送信して招待するとよいでしょう。

自分のアカウント情報は、LINEからかんたんに送信できます。「友だち追加」画面で＜招待＞→＜メールアドレス＞の順にタップし、招待したい相手の＜招待＞をタップすると、自分のアカウントのQRコードが添付されたメッセージが作成されます。

▲「友だち追加」画面で、＜招待＞→＜メールアドレス＞の順にタップし、招待したい相手の＜招待＞をタップする。メールアプリの選択画面が表示されたら、任意のアプリをタップする

← 作成　　　　　　　　　📎 ▷ ⋮

LINEで一緒に話そう！

勝又 晴香から、無料通話・無料メールアプリ「LINE」の招待が届いています。

▼ダウンロードはこちら
https://line.me/D

LINEユーザー同士であれば、通話料を気にせず音声通話やビデオ通話が利用できます。
また、チャット形式のトークでは、人気キャラクターのスタンプが盛りだくさんです。
家族や友だちとのコミュニケーションをお楽しみください！
＊フィーチャーフォンをご利用の場合も、上記のURLから新規登録してご利用頂けます。

勝又 晴香を友だちに追加するには、スマートフォン端末にLINEをインストールした後、下記リンクをクリックするか、添付のQRコードをスキャンしてください。
https://line.me/ti/p/YKeq11WxEM

▲QRコードの画像が添付された招待メールが作成されるので、内容を確認して送信する

友だち

友だちの表示名を
わかりやすくしたい

追加した友だちは、端末の電話帳に登録してある名前や、友だちが
自分でLINEアカウントに設定した名前で表示されます。友だちの名
前はいつでも変更することができます。

1 好きな表示名を友だちに設定する

　LINE 上での友だちの表示名は、端末の電話帳の情報をもとに追加した
場合は、電話帳に登録してある名前で表示されます。また、ID 検索や「知
り合いかも？」から追加した場合は、相手が LINE アカウントで設定して
いる名前で表示されます。本名やハンドルネームなどで表示されている友
だちの名前を、ふだん自分が呼んでいるニックネームなどにしたいときは、
「友だち」リストで友だちの名前をタップし、 をタップして変更しましょ
う。

　なお、ここで変更した名前は、自分以外の LINE アカウントの表示には
反映されません。気兼ねなく好きな名前に変更しましょう。

▲「友だち」リストで名前を変更したい友だちをタップして、 をタップする

▲「表示名の変更」画面で好みの名前を入力して、＜保存＞をタップする

39

よく連絡を取る友だちを上に表示したい

よく交流する友だちは、お気に入りに追加しておきましょう。「友だち」リストに「お気に入り」欄が追加され、お気に入りに追加した友だちがリストのいちばん上に表示されるようになります。

1 友だちをお気に入りに追加する

日頃から LINE を使っていくうちに、友だちや公式アカウント（Sec.100参照）の数が膨大になってくるでしょう。その場合、トークを送りたい相手が友だちリストからなかなか見つけ出せないこともあります。よくやりとりをする仲のよい友だちは、「お気に入り」に追加しておくと便利です。

「友だち」リストで友だちのアカウントをタップし、表示された画面右上の を タップして にすると、友だちがお気に入りに追加されます。「友だち」リストに戻ると上部に「お気に入り」欄が表示され、お気に入りに追加した友だちが常に固定されます。

▲「友だち」リストでお気に入りに追加したい友だちをタップし、 をタップする。再度タップすれば、お気に入りを解除できる

▲お気に入りに友だちを追加すると、「友だち」リストの「お気に入り」欄に表示される

友だち

40

あまり連絡を取らなくなった 友だちを非表示にしたい

リストから友だちを見つけるのが困難になることもあるものです。そこで、LINEでのやりとりが少ない友だちを非表示にしてみましょう。非表示にした友だちはいつでももとに戻すことができます。

1 疎遠な友だちを非表示にする

　友だちリストの中には、LINE を活用していない人や、ほとんどトークをしない人も出てくるでしょう。そのような非アクティブな友だちや、公式アカウント（Sec.100 参照）を非表示にすることで、ふだんよくやりとりする友だちをメインにした友だちリストを作るのも効果的な方法です。「友だち」リストで友だちのアカウントを長押しして、＜非表示＞をタップすることで非表示にできます（iPhone ではアカウントを左にスワイプして＜非表示＞をタップ）。なお、一度非表示にした友だちは、「設定」の「友だち」から再表示させることが可能です。

▲「友だち」リストで非表示にしたい友だちを長押しして、＜非表示＞をタップする

▲確認画面で＜非表示＞をタップすると、友だちリストから非表示になる

Memo 非表示にした相手ともトークできる

非表示にした友だちや公式アカウントからのトークや無料通話は、これまでどおり受信されます。また、非表示にしたアカウントとの過去のトークの内容が削除されることもありません。

勝手に友だち追加されたくない

自分の電話番号を端末の電話帳に登録している人が「友だち自動追加」を有効にしている場合、自動的に友だちに追加されてしまいます。勝手に友だちに登録されることがないように注意しましょう。

①「友だちへの追加を許可」を無効にする ✨

　「友だち自動追加」を有効にすると、端末の電話帳に登録してある友だちを自動的に友だちに追加できます（Sec.021参照）。その「友だち自動追加」と対をなす設定項目が「友だちへの追加を許可」です。この設定項目を無効にすることで、ほかのLINEユーザーから電話帳を使った友だちへの自動追加をされないように設定できます。

　なお、一度相手の友だちに自分が登録された場合、相手が自分を友だちから削除しない限り、相手の友だちリストに自分は残ることになります。悪意のあるユーザーなどに友だち追加されないためにも、必要に応じて設定するようにしましょう。設定は下記の方法で行います。

▲「ホーム」画面で⚙をタップし、＜友だち＞をタップする

▲＜友だちへの追加を許可＞にチェックが付いている場合は、タップして無効にする

Section

027

友だちにしたくない人が
友だちに追加される！

「友だち自動追加」を有効にしていると、端末の電話帳を使って自動的に友だちを追加することができますが、友だちにしたくない相手まで友だちに追加してしまう可能性があります。

1 「友だち自動追加」を無効にする

　「友だち自動追加」を有効にすることで、端末の電話帳に登録してある電話番号をもとに、LINE を使っている友だちを自動的に追加することができます（Sec.021 参照）。ただし、端末の電話帳に登録してある電話番号は、必ずしも親しい友だちだけではないでしょう。仕事上の付き合いしかない人や、疎遠になってしまっている人が、意図せず LINE の友だちとして追加されてしまうかもしれません。

　そうした事態を避けたい場合は、「ホーム」画面で →＜友だち＞の順にタップし、「友だち自動追加」を無効にしておきましょう。「友だち自動追加」を無効にすることで、相手の「知り合いかも？」欄に自分のアカウントが表示される可能性を低くすることもできます。

設定	
コイン	
基本設定	
通知	
写真と動画	
トーク	
通話	
LINE Out	
友だち	
タイムライン	
言語	

▲「ホーム」画面で をタップし、＜友だち＞をタップする

友だち	
友だち追加	
友だち自動追加 端末の連絡先に含まれるLINEユーザーを自動で友だち追加します。同期ボタンをタップすると、現在の連絡先の情報を同期できます。	☐
友だちへの追加を許可 あなたの電話番号を保有しているLINEユーザーが自動で友だちに追加したり、検索することができます。	☐
友だち管理	
非表示リスト	
ブロックリスト	

▲「友だち自動追加」が有効になっている場合は、タップして無効にする

ブロックって どういう機能？

意図せず友だちに追加されてしまった相手や不審なユーザーは、ブロックしましょう。ブロックすると、相手がメッセージなどを自分に送ったとしても、自分の側ではそれらをいっさい受信しません。

① 連絡を取りたくない相手はブロックする✦

「友だち自動追加」で友だちに追加した相手や、自分を友だちに追加してきた相手の中には、コミュニケーションをとりたくない人が含まれているかもしれません。どうしても LINE でやりとりしたくない相手は、ブロックすることで対処できます。ブロックした相手が自分にメッセージを送信することはできますが、自分の側ではいっさい受信されません。無料通話も同様です。

また、ブロックした相手に、自分がブロックしたことが通知されることもありません。ただし、メッセージがいつまでも既読にならなかったり、通話に出なかったりといった状況が続くことで、相手がブロックに気付く可能性はあります。

▲友だちリストでブロックしたいアカウントを長押しし、＜ブロック＞をタップする

▲確認画面が表示されるので、＜ブロック＞をタップする

友だち

② ブロックを解除する

　一時的にブロックした人を友だちに戻すには、「ホーム」画面で🔧→＜友だち＞→＜ブロックリスト＞の順にタップします。この操作により、ブロックを解除した相手が「友だち」リストに復帰し、ブロックする前と同じように、メッセージなどを受信できるようになります。なお、一度ブロックしてもあとから解除できる点で、「削除」（Sec.031 参照）とは異なります。

　ブロックするときと同様に、ブロックを解除しても相手に通知されることはありません。ただし、ブロックしている間に相手から送信されたメッセージや着信履歴などは、ブロックを解除しても確認できないので注意しましょう。

▲「ホーム」画面で🔧→＜友だち＞→＜ブロックリスト＞の順にタップする

▲ブロックを解除したいアカウントの＜編集＞（iPhoneではアカウント名）をタップして、＜ブロック解除＞をタップする

📝 Memo　公式アカウントもブロックできる？

公式アカウント（Sec.100参照）も、通常のアカウントと同様の手順でブロックできます。頻繁にメッセージが送られてくるなどして迷惑に感じる公式アカウントはブロックしておきましょう。

Section 029

友だちになりたくない人が「知り合いかも？」に表示される！

「知り合いかも?」欄に表示される人が、知らない相手や友だちに追加したくない相手の場合は、ブロックや削除で対処しましょう。どちらも相手に通知されることはありません。

1 「知り合いかも？」から相手を削除する

誰かがあなたを友だちとして追加したりすると、「友だち追加」画面の「知り合いかも？」欄にその相手が表示されます。しかし、知り合いではなかったり、トークなどを楽しむような間柄ではない相手の場合もあるでしょう。特定のアカウントを「知り合いかも？」欄に表示させたくない場合は、そのアカウントをブロックしましょう（Sec.028参照）。ブロックしたあとに、削除することも可能です（Sec.031参照）。

ブロックしたり削除したりしたアカウントは、以降「知り合いかも？」欄に表示されなくなります。相手にブロックしたことが通知されることもないので、安心してブロックしましょう。

▲「ホーム」画面で🧑をタップし、「知り合いかも？」欄から削除したいアカウントをタップする

▲＜ブロック＞をタップすると、相手をブロックすることができる。以降、「知り合いかも？」欄に表示されなくなる

ブロックされているか確かめたい

相手にブロックされているかを確かめる機能はLINEにはありません。ただし、スタンプや着せかえショップからプレゼントしようと試みることで、ブロックされているか推測できます。

1 スタンプや着せかえを贈ると確認できることも ✦

　自分がブロックされているかどうかを確認したい場合は、自分をブロックしていると思われる相手に、スタンプまたは着せかえのプレゼントを贈ってみましょう（Sec.073参照）。「○○はこのスタンプ（着せかえ）を持っているためプレゼントできません。」と表示されたら、ブロックされている可能性があります。ただし、相手が実際にそれらのアイテムを持っている場合にも同じアラートが表示されるので、相手が持っていなさそうなスタンプを選んだり、複数のスタンプを試してみるなどしましょう。

　なお、ブロックされていると、相手へのメッセージが既読にならなくなり、相手のホーム画面の投稿が表示されなくなります。これらいくつかの状況を組み合わせて推測することもできます。

▲スタンプショップ（または着せかえショップ）で任意のアイテムを開き、＜プレゼントする＞をタップする。自分をブロックしていると思われる相手をタップして＜次へ＞（iPhoneでは＜OK＞）をタップする

▲「○○はこのスタンプ（着せかえ）を持っているためプレゼントできません。」と表示された場合、ブロックされている可能性もある

Section 031 友だちを削除できるの？

自分のLINEに追加した友だちを削除するには、まず削除したいアカウントをブロックします。次に、ブロックリストからアカウントを削除します。

① ブロックした状態から削除する

友だちに追加したアカウントを削除したくなったら、そのアカウントをいったんブロックして、ブロックリストから削除しましょう。ブロックと削除には、機能的な違いはほとんどありません。ただ、ブロックの場合はあとから解除できますが、削除したアカウントは改めて友だちに追加する以外に復帰させる手段はありません。そのことをよく考えてから相手のアカウントを削除しましょう。

ただし、グループや3人以上のトークルーム内では、削除した相手ともメッセージがやりとりできてしまいます。グループ内に削除した相手がいる場合はSec.095を参照してグループから退会するなどして対処しましょう。

▲「ホーム」画面で⚙→＜友だち＞→＜ブロックリスト＞の順にタップし、削除したいアカウントの＜編集＞（iPhoneではアカウント名）をタップする

▲＜削除＞をタップすると、相手のアカウントが削除される

Memo 相手の友だちリストからは自分を削除できない

自分の友だちのアカウントを削除することはできますが、相手もあなたを友だちに登録している場合、相手の友だちリストから自分のアカウントを削除することはできません。

友だち

第3章

LINEの
＜通話・トーク＞で
ここが困った！

LINEの通話って無料なの？

LINEでは、テキストでメッセージをやりとりできるだけでなく、音声やビデオで通話を楽しむこともできます。これらの通話機能はインターネット回線を使うため、無料で利用できます。気軽に楽しみましょう。

1 友だちどうしなら無料で通話できる

　LINE で友だちとの会話を楽しむための方法には、トーク、音声通話、ビデオ通話の３つがあります。いずれの方法も Wi-Fi やモバイル回線などのインターネットを使って通信するため、通話料はかかりません。ただし、スマートフォンの高速モバイル回線を使用する場合、契約内容によっては設けられている通信量の上限を超えないように注意しましょう。

　なお、LINE には無料通話のほかに、LINE Out Free（Sec.101 参照）という通話機能があります。LINE Out Free は電話回線を使用するため、LINE ユーザー以外の電話番号に直接電話をかけることができます。LINE Out Free には通話料が発生しますが、通常の携帯電話の通話料に比べてお得な価格が設定されています。

▲トークのほか、音声通話やビデオ通話も無料で利用できる

▲LINE Outを利用する場合は通話料が必要だが、通常の携帯電話の通話料に比べるとお得

通話・トーク

Section
033

通話の受発信の方法を教えて！

LINEの無料通話は、かんたんに始めることができます。友だちリストから、通話を開始したい相手を選んで＜無料通話＞をタップするだけです。もちろん相手の電話番号は必要ありません。

1 通話を発信／受信する

　無料通話は、電話と同じように友だちと音声による通話ができる機能です。LINE の友だちどうしであれば、24 時間いつでも無料で通話を楽しむことができます。

　無料通話を始めるには、まず LINE の友だちリストから通話したい友だちをタップしましょう。続いて＜無料通話＞をタップするだけで、相手を呼び出すことができます。トークルームで画面右上の をタップして、＜無料通話＞をタップすることで発信する方法もあります。

1 「友だち」リストから通話したい友だちをタップし、

2 ＜無料通話＞をタップすると、

3 呼び出しを開始します。

4 無料通話がかかってきた場合は、 をタップして通話を開始します。

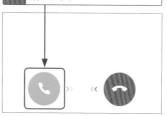

Section 034

不在着信に かけ直したい

LINEの無料通話がかかってきたからといって、常に応答できるとは限りません。応答できなかった場合は、トークルームに「不在着信」と通知されます。通知をタップして折り返しましょう。

1 トークルームから不在着信にかけ直す

　無料通話の受発信履歴は、通話相手のトークルームに記録されます。応答できなかった通話は「不在着信」と表示されます。相手に折り返し連絡をしたい場合は、この＜不在着信＞をタップしましょう。続いて＜無料通話＞をタップすると、すぐに呼び出しを開始することができます。

　また、端末の通知設定が有効になっていると、ロック画面やステータスバーにも着信通知が表示されます。そのような場合は、通知をタップしたりスライドしたりすることで、直接トークルームの着信通知を確認することができます。

　なお、着信に応答できなかった場合や、着信画面で＜拒否＞をタップした場合、発信側の履歴には「応答なし」と表示されます。

▲不在着信はトークルームに通知される。＜不在着信＞をタップして折り返し発信する

▲発信画面が表示されたら、＜無料通話＞をタップして相手を呼び出す

通話・トーク

通話中に別の操作をしたい

LINEでの通話中に、スマートフォンで別の操作が必要な場面は少なくありません。ここでは、通話中に画面を切り替えて通常の操作を行う方法を紹介します。

1 通話画面を閉じる

　LINEでの通話中、テキストや画像を送信したり、調べ物をしたりという具合に、別の操作をしたくなることもあるでしょう。LINEでは、無料通話を使用している間でも、画面を切り替えることで、別の操作を行うことができます。Androidスマートフォンでは通話画面で端末の「戻る」ボタンをタップ（iPhoneでは通話画面で■をタップ）するだけで、通話画面が閉じて、直前に開いていた画面に切り替わります。通話画面に戻るには、丸く表示されたアイコンをタップします。このアイコンは、操作の邪魔にならない位置に自由に移動させることができます。

　なお、通話画面を閉じるときは、音声の出力をスピーカーに設定しておくと便利です。通話画面で<スピーカー>（◀）をタップすると、スピーカーに切り替えることができます。

第3章 LINEの〈通話・トーク〉でここが困った！

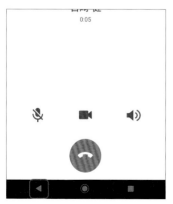

▲Androidスマートフォンでは端末の「戻る」ボタンをタップすると、通話前の画面に戻り、ほかの操作が行えるようになる

▲通話画面に戻りたいときは、丸く表示されている相手のアイコンをタップする

53

ビデオ通話を使いたい

LINEでは、ビデオ通話も無料で利用できます。相手の表情を見ながら通話できるので、臨場感のある会話が楽しめます。トークや音声通話では物足りないときに活用してみましょう。

1 「友だち」リストからビデオ通話を発信する

　LINE では音声通話だけでなく、カメラを使ったビデオ通話も無料で楽しめます。友だちリストから通話したい友だちをタップし、＜ビデオ通話＞をタップすると、すぐに相手を呼び出すことができます。また、トークルームで📞をタップし、＜ビデオ通話＞をタップすることでも、相手を呼び出すことができます。

　なお、通話中に🔄をタップするとインカメラとアウトカメラを切り替えられます。🎥をタップすると自分のカメラをオフにでき、🎤をタップすると自分のマイクをオフにできます。用途に応じて活用してみましょう。

▲友だちリストから通話したい友だちをタップし、＜ビデオ通話＞をタップする

▲相手が呼び出しに応じるとビデオ通話が開始される。📵をタップすると、通話が終了する

通話・トーク

54

Section

037 着信拒否はできるの？

LINEはメッセージだけで楽しみたい、音声通話やビデオ通話はちょっと苦手……という場合は、通話の受信設定を無効にしておきましょう。友だちからの着信を拒否できます。

①「通話の着信許可」を無効にする

LINE では、音声通話やビデオ通話に限って着信拒否することができます。通話の着信を拒否するには、「設定」画面で<通話>をタップし、<通話の着信許可>をタップして無効にします。「通話の着信許可」を無効にした状態では、着信の通知はされますが、応答できません。

なお、この機能は着信した通話を拒否しますが、通話そのものを無効にするものではありません。「通話の着信許可」を無効にした状態でも、こちらから無料通話を発信したり、着信があった相手に折り返し発信したりするといった操作は可能です。

▲「設定」画面で<通話>をタップし、<通話の着信許可>をタップして無効にする

▲この機能により拒否された着信は、トークルームに通知される

Section

038

トークって何ができるの？

LINEの醍醐味は、トークにあります。リアルタイムで友だちとメッセージなどをやりとりできるので、チャットのように楽しむことが可能です。まずは、親しい友だちと気軽にトークを始めてみましょう。

1 リアルタイムで友だちと交流できる

　LINE で行うメッセージのやりとりを「トーク」と呼びます。「トーク」には、特定の個人間でのトーク、複数の友だちとのトーク、グループメンバー間で行うグループトークの 3 種類があり、トークごとにトークルームが開設されます。

　トークでやりとりできるものは文字のメッセージだけではありません。絵文字や顔文字が使えるほか、写真や動画、音声といったデータを送信することも可能です。特筆すべきは、「スタンプ」と呼ばれる LINE 独自のコミュニケーション画像でやりとりすることができる点です。文字などでは伝わりにくい心境を、キャラクターなどのスタンプが適切に表現してくれます。さまざまなスタンプが利用できるので、積極的にトークで活用してみましょう。

◀トークではさまざまな表現方法で友だちとコミュニケーションができる。表情豊かなスタンプを積極的に活用すれば、より適切に心境を伝えることができる

通話・トーク

56

② 友だちとトークを始める

LINE でトークを始めるには、まずメッセージをやりとりする友だちを決定します。友だちリストからトークしたい友だちを選択して、<トーク>をタップすると、その友だちとのトークルーム画面に切り替わります。あとはメッセージを入力して送信すれば、トークを始めることができます。

1 「友だち」リストからトークしたい友だちをタップして、

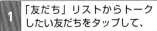

2 <トーク>をタップします。

画面がトークルームに切り替わります。

3 入力欄をタップしてメッセージを入力し、

4 ➤をタップすると、

5 メッセージが送信されます。

Hint トークルームに入室する

一度トークを行うと、トークした友だちとのトークルームが作成されます。次回以降トークルームに入室するには、画面下のメニューから<トーク>をタップし、トークしたい友だちのいるトークルームをタップします。

Section 039 スタンプや絵文字を送りたい

文章だけでのやりとりは、SMS（ショートメール）のようで味気ないと感じたら、スタンプや絵文字を使ってメッセージをより楽しく演出しましょう。友だちとのコミュニケーションがいっそう深まるはずです。

1 トークでスタンプを利用する

イラストでコミュニケーションできるスタンプは、トークに欠かせないアイテムです。テキストを使わず、スタンプだけで会話することもできてしまうほど、さまざまな表情のスタンプが存在します。活用してトークを盛り上げましょう。

スタンプの入手方法や、より詳しい使用方法については、第4章を参照してください。なお、スタンプではなく絵文字が表示される場合、手順2でをタップすると、スタンプ画面に切り替わります。

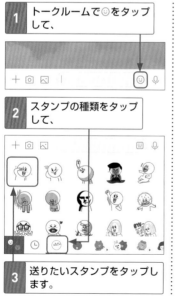

1 トークルームで☺をタップして、

2 スタンプの種類をタップして、

3 送りたいスタンプをタップします。

4 タップしたスタンプが大きくプレビュー表示されるので、もう一度タップすると、

5 スタンプが送信されます。

〈 高田 悠介

今日

こんにちは！
14:11

14:14

通話・トーク

58

② トークで絵文字を利用する

　携帯メールでよく使われる絵文字は、LINE のトークでも利用できます。端末に標準でインストールされている絵文字のほかに、LINE オリジナルの絵文字が使えるのがポイントです。画像として 1 枚ずつ送信されるスタンプに対して、絵文字はテキスト内に挿入できる点が異なります。そのため、絵文字はフォントに合わせた小さなサイズで表示されます。もちろん、テキストを入力せず、絵文字だけを送信することもできます。

　トークで絵文字リストを表示するには、P.58 手順②で画面左下の 😊 をタップします。

▲ P.58手順②の画面で 😊 をタップし、絵文字の種類をタップする。送りたい絵文字をタップし、▶ をタップする

▲ 絵文字付きのメッセージが送信される。絵文字だけを送信することもできる

Memo　サジェスト表示を使って絵文字を入力する

「にこにこ」「ありがとう」などのテキストを入力すると、変換候補に絵文字が表示されます。ここから好きな絵文字をタップして選択することができます。ただし、絵文字を使わない人には邪魔に感じられるかもしれません。その場合は「設定」画面で＜トーク＞→＜サジェスト表示＞の順にタップして、サジェスト表示を無効にします。

第3章 LINEの＜通話・トーク＞でここが困った！

59

トークで写真を送りたい

友だちといっしょに撮った写真や、今現在の状況などを切り取った写真を友だちに送れば、トークがいっそう盛り上がります。写真は、スタンプと同じぐらいかんたんに送れるので、気軽に挑戦してみましょう。

1 端末内の写真を送信する

　トークでは写真を送信することもできます。端末に保存した写真の中から、みんなに見せたい選りすぐりの1枚や、仲間といっしょに撮った写真などを選んで、友だちと共有してみましょう。写真は1枚だけでなく、複数枚でも送信することができます。また、写真を送信するときに、特殊な加工を加えることもできます。

　なお、写真にメッセージを追加することはできません。場合によっては、別途メッセージを送信しましょう。

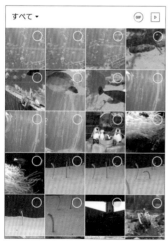

▲トークルームで⬚をタップし、画面右下の⬚をタップして、送りたい写真をタップする。複数枚の写真を送信したいときは、写真の右上にある⬚をタップしてチェックを付け、▶をタップする

▲写真を確認して▶をタップする。写真に特殊な加工を追加する場合は、⬚をタップして効果を選択する

通話・トーク

60

❷ その場で撮った写真を送信する ✦

友だちとトークをしながら、その場の状況を写真に撮って送信することもできます。LINE から直接カメラを呼び出すことができるので、ここぞというときにすぐに写真を撮影することができます。みんなでわいわい盛り上がっている光景や、旅先の感動やおもしろいできごとを、すぐに友だちと共有したいときに活用しましょう。

1 トークルームで📷をタップして、

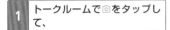
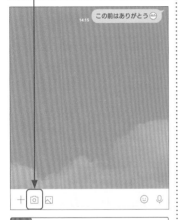

2 カメラが起動したら、写真を撮影します。

3 必要であれば画面上部の機能で写真を編集し、

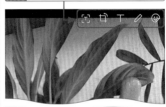

4 ▶をタップします。

Hint 写真を保存する

トークルーム内の友だちから送信された写真をタップし、⬇️をタップすると、端末内に写真を保存できます。

トークで動画を送りたい

写真の場合と同様に、その場で撮影した動画を直接トークで送信することもできます。今目の前で繰り広げられている光景を、友だちに送ってみましょう。なお、送信できる動画の撮影時間は90秒以内です。

1 その場で撮った動画を送信する

友だちと共有して楽しむなら、動画のやりとりも外せません。ここでは動画をその場で撮影して送信する方法を紹介します。動画ファイルは写真に比べて容量が大きくなるため、ファイル容量は 300MB 以内、時間は90 秒までの制限が設けられています。この制限を超えるとエラーになってしまうので注意が必要です。また、モバイル回線で送信するとパケット使用量を多く消費してしまうので、大きなファイルは Wi-Fi に接続してから送信しましょう。

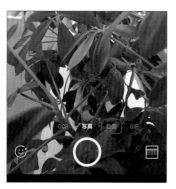

▲トークルームで ◎ をタップし、<動画>を
タップして動画撮影に切り替える

▲撮影したら録画を終了する。そのあと ▶
をタップすると送信される

> **Hint** 動画を保存する
>
> トークルーム内の友だちから送信された動画をタップすると、動画が再生されます。📥 をタップすると、動画が保存できます。

通話・トーク

Section

042

トークで音声を送りたい

トークで送信できるのは、写真や動画だけではありません。あなたの声や周囲の音をその場で録音して送信することも可能です。テキスト入力が困難なときでも、ボイスメッセージならかんたんに送れます。

1 ボイスメッセージを送信する

　ボイスメッセージは、自分の声や周囲の音を録音して、トークの相手に送信する機能です。ボイスメッセージの利点は、無料通話と違い、送信時に必ずしも相手がLINEを使用中である必要がないことです。相手は都合のよいときにメッセージを再生することができます。ボイスメッセージの内容が気に入らない場合は、送信をキャンセルすることもできるので、気軽に活用してみましょう。手が離せないときのひとことメッセージや、家族に子どもの声を送ってサプライズにするなど、ここぞというときのために、ボイスメールの送り方をマスターしておきましょう。

▲トークルームで🎤をタップする

▲🎤を長押しした状態で録音する。指を離すと録音が終了し、音声が送信される。キャンセルする場合は、指を🎤の外側までドラッグする

Section

043

今自分がいる場所を教えたい

現在地や待ち合わせの場所をトークで送れば、受け取った友だちはすぐに地図上で確認できます。ここでは、自分が今いる場所と特定の場所をそれぞれ送信する方法を紹介します。

1 位置情報を送信する

　トークでは、相手に位置情報を送信することができます。今自分がいる場所に LINE の友だちを呼びたいときなどは、現在地の位置情報を相手に送れば、友だちとスマートに会うことができます。

　トークルームで＋をタップして、＜位置情報＞をタップすると、現在地が示された地図が表示されます。現在地が表示されていない場合は、◉（iPhone では◉）をタップすると表示されます。地図上の位置が正しいことを確認して＜この位置を送信＞をタップすると、その場所の住所が相手に送信されます。送信された住所はリンクになっており、タップすると地図上に位置が表示されるので、位置をわかりやすく伝えることができます。

▲トークルームで＋をタップして、＜位置情報＞をタップする

▲現在地が地図に表示されたら、＜この位置を送信＞をタップする。現在地が表示されていない場合は、◉をタップする

② 現在地以外の位置情報を送信する

　現在地以外の位置情報を送信することもできます。トークルームで＋を
タップして、＜位置情報＞をタップすると、始めに現在地が地図上に表示
されますが、検索欄に場所を入力して検索したり、画面をスワイプしたり
することで、現在地以外の場所を指定することができます。待ち合わせ場
所やイベント会場などといった場所を、事前に知らせておきたいときなど
に活用しましょう。

　なお、現在地以外の場所を表示したあとで、再び現在地を表示したい場
合は、画面右下の◉（iPhone では◎）をタップします。

▲トークルームで＋をタップして、＜位置情
報＞をタップし、地図をドラッグして場所を
指定し、＜この位置を送信＞をタップする。
検索欄に場所を入力して指定することもでき
る

▲トークルームの画面に戻り、指定した場
所の位置情報が送信される。なお、位置情
報の住所をタップすると、指定した場所を
地図で確認できる

Memo　位置情報が利用できない場合

端末本体の設定で位置情報機能を無効にしていると、現在地の情報が
取得できません。現在地の情報を送信したいときは、事前に端末の位
置情報機能を有効にしておきましょう。Android端末の場合、アプリケー
ション画面で＜設定＞→＜ロック画面とセキュリティ＞→＜位置情報＞
の順にタップし、「位置情報の使用」を有効にします（端末によっては
操作が異なります）。iPhoneでは、ホーム画面で＜設定＞→＜プライバ
シー＞→＜位置情報サービス＞の順にタップして、「位置情報サービス」
を有効にし、＜LINE＞→＜このAppの使用中のみ許可＞の順にタップ
します。

044

友だちの連絡先を教えたい

LINEでは、友だちに別の友だちの連絡先を共有することができます。事前に友だちに許可を取ったうえで別の友だちに連絡先を紹介して、交流を広げていきましょう。

1 友だちの連絡先を送信する

LINE で友だちを追加するにはさまざまな方法がありますが、電話番号や LINE ID を知らない人を追加したい場合は、その友だちの LINE アカウントを知っている友だちから連絡先を共有してもらうことができます。

連絡先の共有を依頼されたら、依頼主とのトークルームで＋をタップし、＜連絡先＞→＜ LINE 友だちから選択＞の順にタップします。LINE の友だちが一覧で表示されるので、連絡先を送信したい友だちをタップして選択し、＜転送＞（iPhone では＜送信＞）をタップします。連絡先を受け取った側は、連絡先をタップして＜追加＞をタップすることで、友だちを追加できます。

なお、友だちの連絡先をほかの友だちに教える際は、あらかじめ友だちに許可を取っておきましょう。

▲トークルームで＋→＜連絡先＞の順にタップし、＜LINE友だちからの選択＞をタップする

▲連絡先を送信したい友だちをタップして選択し、＜転送＞（iPhoneでは＜送信＞）をタップする

Section 045

トーク中の相手に
無料通話を発信したい

友だちとのトークが盛り上がって、文字だけでは物足りなくなったときは、そのまま相手と通話しましょう。画面を閉じることなく、トークルームからかんたんに無料通話に切り替えることができます。

1 トーク中に通話する

トークの内容によっては、テキストを入力して説明するより、実際に口頭で話したほうが早いときがあるでしょう。また、盛り上がったトークの勢いで、そのまま通話で語り合いたくなることもあるかもしれません。そのようなときは、トークルームから直接無料通話に切り替えましょう。

ただし、リアルタイムのトーク中でも、移動中や仕事中などで相手が通話できない状況にある可能性もあります。発信する前に、いったん相手の都合を確認するとよいでしょう。

▲トークルーム上部の📞をタップし、＜無料通話＞をタップする

▲通話画面に切り替わり、呼び出しが始まる。以降の操作は通常の無料通話と同様

67

Section 046 複数の友だちでトークをしたい

1対1のトークも楽しいものですが、仲のよい友だちみんなでトークすればいっそう楽しくなります。複数の友だちが参加できるトークルームを作成すれば、いつでも複数人でトークすることができるようになります。

1 複数人が参加できるトークルームを作成する

1人の友だちとトークを始めるときは、「友だち」リストからトークルームを作成しました。一方、複数の友だちとトークを始めるときは、「トーク」画面から新規にトークルームを作成します。トークルームに招待する相手は、自分の友だちの中から選択します。LINEで友だちになっていない人を招待することはできません。また、複数人のトークでは、アルバム機能やノート機能などが利用できないことにも注意してください。

なお、すでに作成したトークルームに別の友だちを招待して複数人のトークルームを作成する方法については、Sec.048を参照してください。

通話・トーク

▲「トーク」画面で🖊をタップし、<トーク>をタップする

▲トークルームに招待したい友だちをタップしてチェックを付け、<作成>をタップする

複数人で通話はできる？

LINEでは、複数人の友だちとも同時に通話をすることができます。通常の1対1の通話と同様に音声通話とビデオ通話を利用でき、音声通話中にビデオ通話に切り替えることも可能です。

1 複数人で通話をする

作成した複数人のトークルームでは、音声通話とビデオ通話をすることができます。複数人のトークルームで通話を開始するには、画面上部の📞→<音声通話>または<ビデオ通話>の順にタップします。通話が開始されると、トークに参加している友だちのもとに通知メッセージが届きます。通話に参加するには、メッセージの<参加>をタップし、<はい>（iPhoneでは< OK >）をタップします。通話に参加した友だちは、通話画面にアイコン画像が表示されます。

音声通話の途中でビデオ通話に切り替えるには、画面下部の📹をタップします。また、👤をタップすると、トークルームに参加していない友だちを通話に招待することができます。

▲📞→<音声通話>の順にタップすると、複数人での通話が開始される

▲通話に参加している友だちが表示される。
📞をタップすると通話から抜けられる

トーク中に別の友だちを招待したい

複数人のトークルームを新規作成しなくとも、友だちとのトーク中に、別の友だちをトークルームに招待することもできます。友だちを招待すると、新しいトークルームに移動し、複数人でのトークが開始されます。

1 トークに参加させたい友だちを招待する

友だちと1対1でトークしている最中に、別の友だちも呼びたくなることもあるでしょう。そのような場合は、別の友だちを招待してトーク仲間を増やしましょう。このとき招待される友だちは、共通の友だちである必要はありません。相手の友だちでなくとも、自分の友だちであれば、誰でも招待することができます。

なお、招待後の友だちとのトークは新しいトークルームで開始されるため、招待された友だちは招待前のトークの内容を見ることはできません。

▲トークルームで☑（iPhoneでは☰）をタップして、<招待>をタップする

▲招待したい友だちをタップしてチェックを付け、<招待>をタップする。友だちが多い場合は、検索欄で名前を検索するとすばやく見つけられる

Section
049

画像の投稿時に送信エラーが出た！

頻繁に起こることではありませんが、サーバーの障害や電波の状態などによって、画像や動画などの投稿がうまくいかないことがあります。エラーメッセージやエラーアイコンが表示された場合は、再送を試みましょう。

1 送信エラーには再送信で対応する

画像や動画を送信後、◎や、投稿が送信できなかった旨のエラーメッセージが出ることがあります。インターネットの接続環境に問題がある場合が考えられるので、投稿が送信できなかったときは、インターネットの接続状況を確認したうえで、エラーになった投稿を再送しましょう。◎をタップし、＜再送する＞をタップすれば、再び送信されます。

こうしたエラーは、稀に LINE 側のサーバー障害が原因になっていることがあります。何度再送しようとしても失敗する場合は、しばらく時間をおいてから再送するとよいでしょう。

▲投稿した画像の横に◎が表示された場合、その投稿は送信されなかったことを意味する

▲◎をタップして、＜再送する＞をタップすると、投稿が再送される

71

Section 050

トークの内容を転送したい

トークで受け取ったメッセージは、ほかの友だちに転送することができます。連絡事項などを受け取った場合に活用しましょう。Androidスマートフォンでは、「トーク編集」機能での転送も可能です。

1 メッセージを転送する

メッセージを転送するには、まず始めに転送したいメッセージを長押しし、ポップアップメニューが開いたら、<転送>をタップします。転送したいメッセージが選択されていることを確認し、<転送>をタップしたら、転送先の友だちを選択して送信します。このとき、複数のメッセージを同時に転送することもできます。また、Android スマートフォンの場合は、転送したいメッセージがあるトークルームで✓→<トーク編集>→<転送>の順にタップすることでも転送を開始できます。

なお、転送したメッセージには、転送元が誰であるのかは表示されません。自分のメッセージとして送信されるので、相手の誤解を招かないように注意しましょう。

▲トークルームで転送したいメッセージを長押しし、<転送>をタップして、メッセージが選択されていることを確認したら、<転送>をタップする

▲転送先の友だちをタップして選択し、<転送>をタップすると、メッセージが転送される

通話・トーク

トークで送った写真やリンクをまとめて見たい

トークで送信した写真やリンクを見返したいとき、当時のやりとりまで遡るのは面倒です。トークルームのメニューでは、送受信した写真や動画、リンクやファイルなどがまとめて確認できます。

1 トークルーム内の特定の項目をまとめて見る

　トークに写真の投稿は欠かせません。しかし、トークルームのレイアウトは、写真の閲覧に適しているとはいえないでしょう。その場その場で写真を閲覧するには不自由しませんが、写真が投稿されたあとにメッセージを多くやりとりすると写真が流され、遡ることが大変になってしまいます。

　トークルームで送受信した写真をじっくりと閲覧したいときは、トークルーム内に投稿された写真や動画、リンクやファイルだけを一覧表示する機能を使うと便利です。この機能は、自分が送信したものだけでなく、相手から受信したものも一緒に表示されます。

▲ トークルームで ∨ →＜写真/動画＞（iPhoneでは ≡ →＜写真・動画＞）の順にタップする。リンクやファイルもここから確認できる

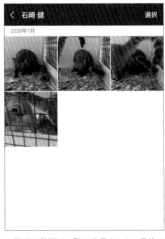

▲ 写真と動画が一覧で表示される。目的のサムネールをタップして名前の下の日付をタップすると、送受信時のトークに移動できる

トークルームで
アルバムを作りたい

トークに投稿した写真には2週間の保存期間が設けられていますが、
「アルバム」には保存期限が設けられていません。友だちといっしょに
参加したイベントの写真などは、アルバムとして共有しておきましょう。

1 友だちとアルバムを共有する

LINE では、友だちと写真のアルバムを共有することができます。友だ
ちとの思い出の写真や、友だちに見せたい写真が複数ある場合などに、ぜ
ひ活用してみましょう。アルバムは、1対1のトークルームで利用できます。
また、同じトークルーム内に複数のアルバムを作成することができるので、
テーマやイベントごとに写真を整理したい場合にも便利です。アルバムの
作成者だけでなく、共有相手もアルバムの編集や写真の追加などができる
点も、アルバムの大きな魅力です。

なお、1つのアルバムにアップロードできる画像は最大 1,000 枚、1 回
にアップロードできる枚数は最大 100 枚です。また、複数人のトークルー
ムでは、アルバムを作成できません。複数の友だちどうしで写真を共有し
たい場合は、グループアルバムを利用しましょう（Sec.088 参照）。

1　アルバムを共有したい友だちとのトークルームで☑（iPhoneでは▤）をタップし、<アルバム>をタップして、

2　<アルバムを作成>をタップします。

アルバムはありません
大切な思い出をアルバムに残して、友だちにシェアしよう。

アルバムを作成

3 アルバムに投稿する写真を
タップして選択し、

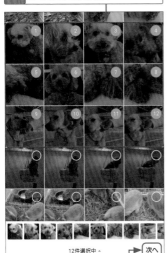

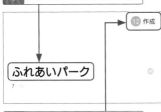

12件選択中

7 作成されたアルバムをタップ
すると、詳細が確認できます。

ふれあいパーク

写真 12　ちょっと前

追加日

4 <次へ>をタップします。

5 アルバム名を入力したら、

12 作成

ふれあいパーク

6 <作成>をタップします。

トークルームからアルバムを開く
には、手順**1**の画面で (iPhone
では) →<アルバム>の順にタッ
プします。

< 石崎 健

ノート　　　　　　アルバム

StepUp アルバムに写真を追加する

手順**7**の画面で、 をタップすると、ア
ルバムに写真を追加することができま
す。また、トークルームで送受信した写
真→ の順にタップして表示される<ア
ルバム>で追加することもできます。

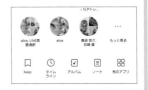

Section

053

第3章 LINEの<通話・トーク>でここが困った！

トークの履歴は
保存できるの？

トークの履歴は保存することができます。友だちとの楽しいトークやグループでのやりとりを保存しておけば、機種変更をしたとしても、新しい端末で保存した時点の履歴を復元することができます。

1 トーク履歴のバックアップを取る

　LINE は 1 つのアカウントで利用できる端末（パソコンや iPad を除く）が 1 台に制限されているため、機種変更などで LINE を使用する端末を変更する場合には、アカウントを引き継ぐ必要があります。アカウントの引き継ぎ自体はそれほど難しくはありませんが、単にアカウントを引き継いだだけでは、これまでのトークの履歴は引き継がれません。そこで、あらかじめトークの内容をバックアップしておきましょう。機種変更のときだけでなく、予期せぬトラブルによるデータの破損などが発生したときにも、トーク履歴のバックアップは有効です。

　なお、Android スマートフォンでは Google アカウント、iPhone では iCloud を利用してトーク履歴を保存します。

<table>
<tr>
<td>

1 「ホーム」画面で⚙をタップして「設定」画面を開き、<トーク>をタップします。

〈 設定

🔵 コイン

基本設定

🔊 通知

🖼 写真と動画

💬 トーク

📞 通話

📞 LINE Out

👥 友だち

</td>
<td>

2 <トーク履歴のバックアップ・復元>をタップし、

〈 トーク

トーク履歴のバックアップ・復元
バックアップしておくと、トーク履歴がGoogle ドライブに保存されます。
スマートフォンをなくしたり、新しく買い替えたりしても、バックアップしておいたトーク履歴を復元することができます。

トークルーム

背景デザイン

フォントサイズ
普通

Enterキーで送信
Enterキーが送信キーになります。　　☐

自動再送
送信できなかったメッセージを、一定時間後に自動で再送します。　☑

</td>
</tr>
</table>

通話・トーク

3	<Googleドライブにバックアップする>をタップします。

< トーク履歴をバックアップ&復元

前回のバックアップ

日付：
容量合計：

Google ドライブ

Google ドライブにバックアップする
バックアップしておくと、トーク履歴はGoogleドライブに保存されます。
スマートフォンをなくしたり新しく買い換えても、バックアップした
トーク履歴を復元することが出来ます。

Google アカウント
未設定

復元

復元する

4	トーク履歴のバックアップを保存したいGoogleアカウントをタップして選択し、

前回のバックアップ

日付：
容量合計：

Google ドライブ

Google ドライブにバックアップする

LINE のアカウントの選択

◉ katsumataharuka01@gmail.com

○ アカウントを追加

キャンセル　OK

復元する

5	<OK>をタップします。

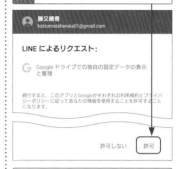

6	「LINEによるリクエスト」画面が表示されたら、<許可>をタップします。

勝又晴香
katsumataharuka01@gmail.com

LINE によるリクエスト：

G Google ドライブでの独自の設定データの表示と管理

続行すると、このアプリとGoogleがそれぞれの利用規約とプライバシーポリシーに従ってあなたの情報を使用することを許可することになります。

許可しない　

トーク履歴がGoogleアカウントに保存されます。次回以降は手順**3**で<Googleドライブにバックアップする>をタップすることで保存が完了します。

Memo iPhoneでトーク履歴の
バックアップを取る

iPhoneでは、「ホーム」画面で
⚙→<トーク>→<トークの
バックアップ>→<今すぐバッ
クアップ>の順にタップするこ
とで、トーク履歴のバックアッ
プを保存できます。

< トークのバックアップ ✕

前回のバックアップ：-
容量合計：-

バックアップしておくと、トーク履歴がiCloudに保存されます。
iPhoneをなくしたり、新しく買い換えたりしても、LINEを再インストールすればバックアップしておいたトーク履歴を復元することができます。

今すぐバックアップ

不要なデータ通信が発生しないように、iCloudの設定でモバイルデータ通信をオフにすることをお勧めします。
モバイルデータ通信をオフにするには、端末の[設定]>[モバイルデータ通信]で[iCloud Drive]をオフにしてください。

Section

054

重要事項はトークとは別に残したい

トークでは、テキストや画像、動画などを投稿できる「ノート」の利用が可能です。トークとは異なる場所に表示することができるので、相手と共有したい大切な情報がある場合などに重宝します。

1 ノートを活用する

　ノートとは、トークルームの会話とは別に、トークの相手と共有したい情報を投稿・閲覧できる機能です。トークルームで使用する掲示板と考えるとわかりやすいでしょう。トークルームではメッセージが多くなると、大切な投稿が行方不明になりかねません。日常会話はトークルームに投稿し、大切な情報はノートに投稿するなどといった使い分けをすれば、効果的に情報を扱うことができるでしょう。

　直接ノートでメッセージを作成できるだけでなく、トーク内の重要な情報をノートにそのまま投稿することもできます。また、相手の投稿にコメントや「いいね」を付けることもできます。投稿した内容をあとから編集することもできます。なお、グループ（Sec.079参照）でもノートは使用できますが、複数人のトークルームでは使用できません。

▲トークルームで画面右上の▣（iPhoneでは☰）をタップして<ノート>をタップすると、ノートが表示される。すでにアルバムを作成済みの場合は、アルバム画面で<ノート>をタップして表示を切り替えることもできる。<ノートを作成>または●をタップして投稿を進める

▲トークルームのメッセージをノートに投稿したい場合は、任意のメッセージを長押しし、<ノートに保存>（iPhoneでは<ノート>）をタップする。保存したいメッセージをタップして選択し、<ノート>をタップして投稿を進める

通話・トーク

目的のトークルームを すぐに探し出したい！

LINEを長く使っているとトークルームの数も増えてくるので、目的の トークルームを探すのにも一苦労するようになります。そのような場合 には、目当てのトークルームに関連する語句を使って検索しましょう。

1 トークルームを検索する

　トークルームは、「ホーム」画面や「トーク」画面の上部に表示されて いる検索欄から探し出すことができます。検索欄をタップしてキーワード を入力すると、該当するトークルームが表示されます。このとき検索の対 象には、トークルームの内容、名前、ニュースなども含まれます。特定の 友だちとのトークルームを検索したいのであれば、トークルーム名として 表示されている友だちの名前を検索するとよいでしょう。トークの内容で 検索する場合は、特定の友だちとの間でよく使う単語などをキーワードに すると、効果的に検索することができます。

　なお、検索したキーワードがトークルーム内のメッセージの場合、該当す るキーワードがトークルーム内でハイライト表示されます。トークルームの 検索手段としてだけでなく、メッセージの検索手段としても重宝します。

▲「ホーム」画面や「トーク」画面上部の 検索欄にキーワードを入力すると、そのキー ワードを含む検索結果が表示される

▲検索結果のトークルームをタップして開く と、キーワードの箇所がハイライトで表示さ れる

Section

056

トークルームを 並べ替えたい！

たくさんの人とのやりとりが増えてくると、目的のトークルームを探しにくくなってしまいます。そんなときは、トークルームを3つの項目から選択して並び替えてみましょう。

1 トークルームを並び替える

　LINE の「トーク」画面に表示されるトークルームは、最新の送受信のやりとりを行ったトークが新着メッセージ順に並ぶ「受信時間」、未読メッセージのあるトークが受信時間順に並ぶ「未読メッセージ」、お気に入りに追加した友だち（Sec.024 参照）のトークが上部に配置され、それ以降のトークが受信時間順に並ぶ「お気に入り」の3項目から任意のものを選択して並び替えることができます。

　トークルームを見つけやすくするために、好きな並び順を設定しましょう。なお、初期設定での並び順は「受信時間」になっています。

▲「トーク」画面右上の**⋮**（iPhoneでは画面上部中央の「トーク」下の▼）をタップし、＜トークを並べ替える＞をタップする

▲＜受信時間＞＜未読メッセージ＞＜お気に入り＞のいずれかをタップして、メッセージを並び替える。初期設定では「受信時間」となっている

Section 057

トーク画面を保存したい！

iPhoneでは、トーク画面の好きな範囲をスクリーンショットすることができます。画面に収まりきらないやりとりや一部分のみをかんたんに切り取って保存でき、ほかのトークルームへの送信も可能です。

1 iPhoneでトーク画面を保存する

iPhone では、トーク画面で範囲を指定したスクリーンショットを保存することができます。印象的なやりとりを保存したり、トークの内容をほかの人に共有したいときに便利な機能です。なお、Android スマートフォンではスクショ機能は利用できません。

スクリーンショットは、スクリーンショットを保存したいメッセージを長押しし、表示されるメニューの中から＜スクショ＞をタップします。保存したい範囲をタップで指定し、＜スクショ＞をタップして⬇️をタップすると、保存が完了します。⬆️をタップすると、ほかのトークルームやタイムラインで共有することができます。

また、範囲を指定したあとに＜情報を隠す＞をタップすると、相手のプロフィールアイコンが別のアイコンに置き換わります。SNS や共通でない知人へスクリーンショットを共有したいときに便利なので、活用してみましょう。

▲保存したいメッセージを長押しし、＜スクショ＞をタップする

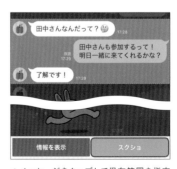

▲メッセージをタップして保存範囲を指定し、＜スクショ＞をタップする。＜情報を隠す＞をタップすると、相手のプロフィールアイコンが隠される

Section
058

すべてのトークルームの背景を一度に変えたい

トークルームの背景画像は、いつでも自由に変更できます。背景の色が変わるだけで気分転換にもなるので、そのときの気分に合わせて気軽に変えてみましょう。トークルームごとに背景を変更することもできます。

1 「設定」からトークルームの背景を変更する

　トークルームの背景画像は、トークルームごとに変更することもできますが、「設定」画面から変更すると、すべてのトークルームの背景を一括変更することができます。あらかじめ用意されている LINE の公式壁紙のほかに、自分で撮った写真や端末に保存してある画像を、壁紙として設定することもできます。ここでは、LINE の公式壁紙を使って背景を変更する方法を紹介します。

　なお、トークルームの壁紙は、自分の端末の LINE アプリに適用されるだけであり、トークの相手のトークルームには影響しません。自分の好みに合わせて自由に模様替えしましょう。

1 「ホーム」画面で⚙→＜トーク＞の順にタップし、＜背景デザイン＞をタップします。

2 ここでは＜デザインを選択＞をタップします。

端末に保存してある画像を使用する場合は＜写真を選択＞をタップします。

```
3  壁紙にしたい画像をタップして、

4  <選択>をタップします。
```

iPhoneでは、画像をタップし、<OK>→☒の順にタップします。

```
5  トークルームを開くと背景が変更されたことが確認できます。
```

2 トークルームごとに背景を設定する

トークルームの背景画像を個別に変更するには、変更したいトークルームを開いた状態で、☑→<設定>→<背景デザイン>（iPhoneでは☰→⚙→<背景デザイン>）の順にタップします。それ以降は、手順3～4の方法で背景画像を選びます。なお、トークルームの背景画像を個別に変更したあとで、「設定」からトークルームの背景画像を一括変更しても、個別に設定した背景画像は変更されません。

▲変更したいトークルームで☑→<設定>（iPhoneでは☰→⚙）の順にタップする

▲<背景デザイン>をタップし、以降は手順3～4の方法で背景画像を選択する

Section

059

メッセージの「送信取消」と「削除」って何?

友だちにうっかり間違った内容のメッセージを送信してしまった経験はありませんか? そんなときは、「送信取消」機能を使ってメッセージを取り消しましょう。

1 メッセージを取り消す／削除する

トークで送信先を間違えてしまったり、誤った内容のメッセージを送信してしまったときは、「送信取消」機能を使いましょう。取り消したいメッセージを長押しし、＜送信取消＞→＜送信取消＞の順にタップすると、送信したメッセージを取り消すことができます。なお、取り消しが行えるのは、対象のメッセージを送信してから24時間以内です。

また、LINEには「送信取消」機能のほかに「削除」機能があります。「削除」は自分のトークルーム上のみでメッセージを削除する機能のため、相手のトークルームにはメッセージが残ってしまいます。相手のトークルームからも確実にメッセージを削除したい場合は、「送信取消」機能を使いましょう。相手がメッセージを通知から確認したり (Sec.063参照)、メッセージを既読にしたりする前に「送信取消」が完了すれば、内容を見られることはありません。ただし、「送信取消」を行うと、相手のトークルームには「○○ (あなたの名前) がメッセージの送信を取り消しました」と表示され、メッセージを削除したことは知られてしまう点には注意しましょう。

▲任意のメッセージを長押しし、＜送信取消＞または＜削除＞をタップする

▲＜送信取消＞をタップするとメッセージが取り消され、自分と相手のトークルームからメッセージが削除される

通話・トーク

LINE内の重要なトーク内容や画像を保存しておきたい

LINEでは、メッセージや画像・動画などを「Keep」というストレージ機能に保存することができます。大切な情報はKeepに保存していつでも見返せるようにしておきましょう。

1 Keepにメッセージや画像を保存する

Keep は、LINE 上のメッセージ、画像、動画、リンク、ファイルを保存しておけるストレージ機能です。Keep に保存した情報は、トークルームを遡ることなく、プロフィールの「Keep」からいつでも見返すことができます。Keep へのデータの保存期間は無制限です（50MB を超えるデータは 30 日間）。

Keep は自分が送信した情報、相手から受信した情報、どちらも保存が可能です。なお、相手から受信した情報を Keep に保存しても、相手には通知されません。また、Keep は他人に公開されることもないので、安心して情報を保存することができます。

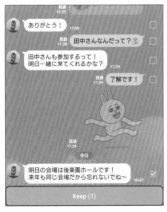

▲保存したいメッセージや画像を長押しし、<Keepに保存>をタップする。保存したいメッセージや画像にチェックを付けたら、<Keep>（iPhoneでは<保存>）をタップする

▲「保存しました。」画面が表示されたら、<プロフィールへ>をタップする。「Keep」画面に保存したメッセージや画像が表示される

85

画像の文字を読み取ってトークで送りたい！

LINEのQRコードの読み取り画面（Sec.018）には、写真から読み取った文字をトークで送ったり、外国の言葉を翻訳したりすることができる「OCR」機能が搭載されています。

1 OCR機能で文字を読み取って共有する

Sec.018 で紹介した LINE の読み取り画面は、LINE の QR コードだけでなく、画像の文字を読み取ることもできます。この機能は「OCR」という技術で、手書きや印字された文字を読み取り、デジタルの文字コードに変換してくれるものです。読み方のわからない漢字を読み取って検索したり、外国語を読み取って翻訳したりすることが可能です。

この機能は、カメラで対象物を撮影して読み取る方法と、端末に保存されている画像を呼び出して読み取る方法の2つがあります。読み取った文字は保存したり、友だちにトークで送ることもできます。

1 「ホーム」画面または「トーク」画面で▣をタップし、	2 読み取り画面が表示されたら、＜テキスト変換＞をタップします。

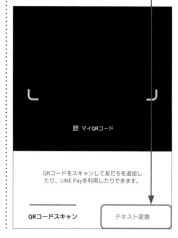

| | 3 | サーバーへの写真送信の確認画面が表示されたら、<同意>をタップします。 |

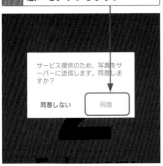

| | 4 | カメラが起動するので、読み取りたい文字を撮影します。 |

| | 5 | 検出された文字を確認し、<日本語に翻訳>をタップすると、 |

| | 6 | 読み取った文字が日本語に翻訳されます。 |

| | 7 | <シェア>をタップすると、 |

| | 8 | LINEの友だちに翻訳内容を共有することができます。 |

翻訳前の文字を共有したい場合は、手順5の画面で<シェア>をタップします。

StepUp 端末に保存されている画像の文字を読み取る

手順4で画面右上のサムネールをタップすると、端末に保存されている画像が表示されます。任意の画像をタップすると、自動的に文字が検出されます。

Section

062

送られてきたURLを
ブラウザアプリで確認したい！

LINEで共有されたURLは、LINEアプリ上ですばやく開くことができます。URLを開いたページを確認しながら返信をしたい場合は、送られてきたURLをブラウザアプリで開き直すこともできます。

1 URLをブラウザアプリで確認する

LINE で友だちから送られてきた URL は、タップするだけで LINE アプリ上ですばやく開くことができます。ブラウザアプリをわざわざ起動させる必要がないので非常に便利ですが、URL を開いたままトークルームに戻ることはできません。URL を確認しながら LINE を使用したい人は不便さを感じるでしょう。そういう場合は、URL を Chrome や Safari といったブラウザアプリで開くこともできます。

Android スマートフォンの場合は、送られてきた URL をタップして開き、画面右上の ⋮ →＜他のアプリで開く＞の順にタップします。iPhone の場合は、送られてきた URL をタップして開き、画面右上の ↥ →＜ Safari で開く＞の順にタップします。

▲Androidスマートフォンで ⋮ →＜他のアプリで開く＞の順にタップすると、Chromeが開く

▲iPhoneで ↥ →＜Safariで開く＞の順にタップすると、Safariが開く

既読を付けずに メッセージを読める？

メッセージが届いたときにトークルームを開くと、メッセージを見たことを意味する「既読」通知が相手のトークルームに表示されます。この既読を付けずにメッセージの内容を確認する方法を紹介します。

① 通知からメッセージを読む

すぐに返信できないときや、返事を保留したいときでも、メッセージの内容は確認したいという場合もあるでしょう。そのようなときは、ポップアップ通知を利用します。ポップアップ通知の画面で受信したメッセージを確認すれば、トークルームを開かずにメッセージを確認することができるので、既読を付けずに済みます。あらかじめポップアップ通知にメッセージの内容が表示されるように設定しておきましょう。

ただし、仕事中やほかの友だちといるときでも不意に通知が表示されることになるので、場合によってはメッセージの内容が漏れてしまいかねません。状況に合わせて設定することが大切です。

▲「設定」画面で＜通知＞をタップし、「メッセージ通知の内容表示」を有効にする。Androidスマートフォンの場合は、「画面オン時のポップアップ表示」と「メッセージ通知」を「音と通知のポップアップ表示」に設定する

▲メッセージを着信すると、メッセージの内容がポップアップ表示される。Androidスマートフォンの場合はステータスバーの通知を下方向にドラッグしてメッセージの全文を確認できる

Section 064

メッセージの通知から直接返信したい

メッセージの着信を知らせる通知が来たら、その通知から返信することができます。直接返信をしたい場合は、あらかじめ「メッセージ通知の内容表示」を有効に設定しておきましょう。

1 通知から直接返信する

通知は、受信したメッセージをすぐに確認するための便利な機能ですが、返信するためには LINE のトークルームを開かなければなりません。作業中など、ゆっくりと操作する時間がないときのために、通知から直接返信する方法があります。

まず、通知から直接返信するには、あらかじめ「メッセージ通知の内容表示」を有効にしておく必要があります（P.89 参照）。Android スマートフォンの場合は通知の<返信>をタップして返信内容を入力し、>をタップします。iPhone の場合は通知を長押しし、<返信>をタップして返信内容を入力し、<送信>をタップします。

▲Androidスマートフォンでメッセージを受信して通知が表示されたら、<返信>をタップして返信内容を入力する

▲iPhoneでメッセージを受信して通知が表示されたら、通知を長押しして<返信>をタップし、返信内容を入力する

通話・トーク

特定のトークルームの通知をオフにしたい

メッセージの通知があまりにも多いと、迷惑に感じられるものです。トークルーム単位で通知のオン／オフを切り替えることができるので、通知が多過ぎるトークルームはオフにしましょう。

1 トークルームで「通知オフ」を設定する

公式アカウントからのメッセージの通知や、あまり積極的に参加していないグループトークなどからの頻繁な通知が気になる人も少なくないでしょう。Sec.124 の方法で LINE からの通知をすべてオフにすることはできますが、通知が必要なトークルームがある場合には困りものです。そのようなときは、特定のトークルームの通知だけオフにするとよいでしょう。

特定のトークルームの通知をオフにするには、そのトークルームで個別に通知設定を変更します。一時的にオフにした通知設定をもとに戻したいときはもう一度タップすると、設定が切り替えられます。通知をオフにしたことが相手に通知されることもないので、安心して設定しましょう。

▲通知をオフにしたいトークルームで🔽→＜通知をオフ＞（iPhoneでは☰→◯）の順にタップする

▲通知がオフになると、画面上部（iPhoneではトークルーム）に🔕が表示される。通知を再開したい場合は、再度＜通知オン＞（iPhoneでは🔊）をタップする

複数人のトークルーム から退出するには?

複数人でのトークルームから「退出」することで、トークルームのメンバーから外れることができます。ただし、トークルームから退出すると、トーク履歴はすべて削除されてしまうので注意しましょう。

1 トークルームから退出する

複数人でのトークルームには、友だちの友だちなど、自分が直接友だちになっていない人が含まれることもあります。その中にはトークしたくない相手がいる場合もあるでしょう。いろいろな事情で複数人のトークルームから離脱したくなった場合は、☑→<退出>（iPhoneでは☰→<トーク退出>）の順にタップしましょう。

なお、トークルームから退出すると、自分のトークリストからトークルームが削除され、退出後の更新はもちろん、退出以前の履歴も残りません。また、トークルームのメンバーには自分が退出したことが通知されます。よく考えてから退出しましょう。

▲退出したいトークルームで☑→<退出>（iPhoneでは☰→<トーク退出>）の順にタップする

▲<はい>（iPhoneでは<OK>）をタップすると退出が完了する。トークルームのメンバーに自分の退出が通知される

通話・トーク

LINEの
<スタンプ>で
ここが困った！

スタンプって何?

スタンプを抜きにして、LINEを楽しむことはできません。さまざまなイラストで感情を表現できるスタンプを使えば、テキスト主体のトークをより明るくし、友だちとの距離をさらに近くすることができるでしょう。

① スタンプを使えば楽しく交流できる

スタンプとは、トークで利用できる、喜怒哀楽などの感情をキャラクターなどで表した LINE 独自のイラスト画像です。テキストでは表現できない微妙な気分も、視覚的なスタンプを使えば、より正確に、より楽しく、友だちに伝えることができるので、積極的に活用してみましょう。もちろん、複数人のトークルームでも使用することができます。

LINE には、テキストを使わず、スタンプだけで会話することもできるほど、さまざまな種類のスタンプが用意されています。人気キャラクターとコラボレーションしたスタンプなども数多くあるので、スタンプショップで自分好みのスタンプを探してみましょう（Sec.068 参照）。また、誰でもオリジナルのスタンプを販売できる「LINE Creators Market」（Sec.076 参照）も展開されており、LINE のスタンプはますます盛り上がりを見せています。

◀スタンプを使えば、テキストだけでは表現しづらい感情も、楽しく正確に伝えることができる

スタンプ

② トークルームからスタンプをダウンロードする

　スタンプの多くはスタンプショップ（Sec.068参照）からダウンロードして使用しますが、トークルームからすぐに使えるスタンプもあらかじめ用意されています。まずはトークルームで☺をタップしてみましょう。スタンプ画面下部のアイコンは、スタンプの種類を表しています。使いたいスタンプの種類をタップすると、個々のスタンプが表示されます。初めて使用するスタンプの場合は、スタンプが表示されずダウンロード画面が表示されることがあります。その場合は＜ダウンロード＞をタップして、利用できるようにしましょう。

▲トークルームで☺をタップして、スタンプの種類のアイコンをタップする。あらかじめインストールされているスタンプ以外のスタンプのアイコンをタップすると、ダウンロード画面が表示されるので、＜ダウンロード＞をタップする

▲「マイスタンプ」の画面に切り替わり、＜すべてダウンロード＞をタップすると、すべての未ダウンロードスタンプをまとめてダウンロードできる。必要なスタンプだけをダウンロードするには、個別に🛇をタップする

Memo　「ホーム」画面から「マイスタンプ」画面を表示する

「ホーム」画面で🔧をタップし、＜スタンプ＞→＜マイスタンプ＞の順にタップすることでも、「マイスタンプ」画面を表示することができます。

欲しいスタンプを探したい

もっといろいろなスタンプを使いたいと思ったら、スタンプショップを覗いてみましょう。膨大な量のスタンプが揃っています。好みのスタンプをすばやく見つけるには、キーワードで検索するとよいでしょう。

1 スタンプショップを利用する

トークルームからダウンロードできるスタンプは限られており（P.95参照）、そのほかの多くのスタンプは、スタンプショップからダウンロードします。「ホーム」画面で<スタンプ>をタップし、<スタンプショップへ>をタップすると、スタンプショップを表示することができます（iPhoneでは「ホーム」画面で<スタンプ>をタップすると、スタンプショップが表示されます）。また、トークルームでスタンプの種類を選択する際、スタンプ一覧の右端にある＋をタップすることでも、スタンプショップを表示することができます。

スタンプショップ内には、「ホーム」タブのほか、新作スタンプが一覧表示される「新着」タブや、イベントスタンプ（P.99参照）が一覧表示される「イベント」タブがあります。また、<カテゴリー>をタップすると、カテゴリ別にスタンプを探すことができます。

▲「ホーム」画面で<スタンプ>をタップし、画面下部の<スタンプショップへ>をタップすると、スタンプショップが表示される

▲スタンプショップ内では、画面上部のタブをタップして、画面を切り替えることができる。表示されているスタンプ一覧からスタンプをタップすると、「スタンプ情報」画面で詳細な内容が確認できる

スタンプ

② スタンプを検索する

　スタンプショップで扱われているスタンプは膨大です。そのため、あらかじめ欲しいスタンプが決まっている場合は、スタンプショップでキーワードを使った検索を行うと便利でしょう。たとえば、有名なキャラクターの名前などで検索すれば、関連するスタンプをすばやく表示させることができます。また、「お笑い」や「アニメ」などといったカテゴリや、「クリスマス」や「夏休み」などといった季節のイベントをキーワードとして検索してもよいでしょう。

▲スタンプショップで🔍をタップすると、検索画面が表示される

▲キーワードを入力すると、関連するスタンプが一覧表示される

第4章 LINEの〈スタンプ〉でここが困った！

> ### Hint　スタンプの動作を確認する
>
> 　スタンプの中には、動くものもあります。スタンプショップで動くスタンプの「スタンプ情報」画面を開き、スタンプのサムネールをタップすると、どのような動きをするのかを確認することができます。なお、音声付きのスタンプもありますが、音声付きのスタンプの音声は、この方法では再生されません。
>
>

無料でも使える
スタンプはある？

スタンプショップのスタンプのほとんどは有料ですが、無条件でダウンロードできる無料スタンプや、一定の条件をクリアすると無料で入手できるスタンプもあります。気軽にダウンロードしてみましょう。

① 無料のスタンプをダウンロードする

　　スタンプショップに掲載されているスタンプの多くは有料ですが、無料でダウンロードできるスタンプが配信されていることがあります。「無料」と表示されているスタンプを見つけたら、ぜひダウンロードしてみましょう。無料スタンプの「スタンプ情報」画面で<ダウンロード>をタップするだけで、すぐにダウンロードすることができます。

▲スタンプショップで「無料」と表示されているスタンプを見つけてタップする

▲「スタンプ情報」画面で<ダウンロード>をタップし、<確認>をタップすると、トークで使用できるようになる

スタンプ

② イベントスタンプをダウンロードする

　イベントスタンプとは、一定の条件を満たせば無料で使うことができるスタンプです。企業などのアカウントによって提供されている場合が多く、提供元の公式アカウントと友だちになったり（Sec.100参照）、対象製品に付いているシリアルナンバーを入力したりすることで、スタンプを無料で入手できるしくみです。

　イベントスタンプを入手するには、まずスタンプショップで＜イベント＞をタップします。イベントスタンプの一覧からスタンプをタップして「スタンプ情報」画面を開くと、スタンプをダウンロードするための条件が表示されているので、条件をクリアして入手しましょう。

　無料スタンプと同様、イベントスタンプで注意したいのは、スタンプごとに設定されている有効期間です。有効期間を過ぎると使用できなくなってしまうので、ダウンロードする際によく確認しておきましょう。

▲スタンプショップで＜イベント＞をタップし、スタンプ一覧から欲しいスタンプをタップする

▲＜友だち追加＞や＜シリアルナンバー入力＞などをタップして条件をクリアし、＜ダウンロード＞をタップする

> **Memo** ダウンロード後に提供元アカウントを削除する
>
> 友だち追加が条件のイベントスタンプをダウンロードしたあと、提供元のアカウントを友だちから削除（Sec.031参照）しても、引き続きスタンプを使うことができます。

Section

070

コインはどうやって
購入するの？

LINEでスタンプの購入やゲームなどの課金コンテンツを利用する際には、LINEコインと呼ばれる電子マネーを使用します。有料スタンプを購入する前に、あらかじめLINEコインをチャージしておきましょう。

① LINEコインをチャージする

　LINE コインは、ゲームや占い、電子書籍などといった、LINE が提供する有料コンテンツを購入する際に使用する電子マネーです。有料スタンプを購入する場合も、LINE コインを使います。LINE コインの購入には、Google Play や App Store を経由するアプリ内課金のほかに、ギフトカードやプロモーションコード、キャリア決済などといった手段が選択できます。

1	「ホーム」画面で ⚙ →<コイン>の順にタップして、

< 設定

ショップ

😊 スタンプ

👔 着せかえ

🕐 コイン

基本設定

🔊 通知

📷 写真と動画

💬 トーク

📞 通話

📞 LINE Out

👥 友だち

🔘 タイムライン

2	<チャージ>をタップします。

< コイン　　　　　　　　　　チャージ

保有コイン： Ⓛ 0

・購入したコイン 0 およびボーナスコイン 0 含む。
・LINEポイントから変換できるボーナスコイン 0 含む。❓
・このコインはAndroid OSのLINEでのみご利用になれます。❓

チャージ履歴　　　　　　　使用履歴

最近3カ月の履歴はありません。

この画面で現在の保有コインやチャージ履歴、使用履歴が確認できます。

スタンプ

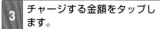

3 チャージする金額をタップします。

〈 コインチャージ

保有コイン: 0

・購入したコイン0およびボーナスコイン0含む。

・LINEポイントから変換できるボーナスコイン0含む。

・このコインはAndroid OSのLINEでのみご利用になれます。

・購入するコイン数によって1コインの単価が異なるので、購入の際は必ずご確認ください。

🪙 **50** (+0)　　　　　　　¥120

🪙 **100** (+0)　　　　　　¥250

🪙 **150** (+0)　　　　　　¥370

🪙 **200** (+0)　　　　　　¥490

4 支払方法を確認・変更する場合は、支払方法が表示されている箇所の > をタップします。

150 LINE Coins　　　　　　　¥370
LINE: Free Calls & Messages

G Pay Visa-　　　　　　　　　　　　 >

[購入] をタップすると、次の利用規約に同意したことになります: プライバシーに関するお知らせ, 利用規約 - Android（日本）。もっと見る

購入

Google Playを通じて購入する場合は、このまま＜購入＞をタップします。

5 利用する支払方法をタップして選択し、購入を進めます。

← お支払い方法
katsumataharuka01@gmail.com

VISA　Visa-　　　　　　　　　　　　 ✓

お支払い方法の追加

📡 NTT DOCOMO の決済を利用

▭ カードを追加

🅿 PayPal を追加

… コードの利用

▶ コンビニで Google Play クレジットを購入

ギフトカードやプロモーションコードを利用する場合は、＜コードの利用＞をタップします。ギフトカードを使わずにコンビニから直接Google Playに入金する場合は、＜コンビニでGoogle Playクレジットを購入＞をタップします。

Hint iPhoneでLINEコインをチャージする

iPhoneでは、手順**3**でチャージする金額→＜支払い＞の順にタップしたあと、Apple IDのパスワードを入力して＜サインイン＞→＜OK＞の順にタップすると、チャージが完了します。なおiPhoneはキャリア決済に対応していません。携帯料金に追加する形で支払いたい場合は、LINE STORE（http://store.line.me/）にアクセスし、LINEのアカウントでログインして設定します。

Section

071

有料スタンプを買いたい

LINEコインのチャージが完了していれば、有料スタンプの購入はかんたんにできます。LINEコインの残高を確認したうえで、欲しいスタンプの「スタンプ情報」画面を開いて、<購入する>をタップするだけです。

① スタンプショップで有料スタンプを購入する

　LINE コインのチャージ（Sec.070 参照）が完了したら、有料スタンプが購入できるようになります。Sec.068 を参照してスタンプショップで欲しいスタンプを探し、まずはスタンプの価格を確認します。このとき、スタンプの価格は LINE コインの単位で表示されていることに注意しましょう。たとえば、「100」と表示されていたら、100 コイン（2020 年3 月現在では 250 円）という意味です。

　保有コイン数で購入できる範囲内であれば、<購入する>をタップするとスタンプがダウンロードされます。LINE コインが不足していると、LINE コインのチャージ画面が開くので、Sec.070 を参照して LINE コインをチャージしましょう。

▲スタンプショップで購入したいスタンプの「スタンプ情報」画面を表示し、価格を確認したうえで<購入する>をタップする

▲<確認>→<確認>の順にタップすると、スタンプがダウンロードされる

スタンプ

スタンプを使い放題できる？

LINEには、「LINEスタンプ プレミアム」という300万種類以上のクリエイターズスタンプを使い放題できるサービスがあります。まずは一カ月の無料体験から始めてみましょう。

① LINEスタンプ プレミアムを契約する

「LINE スタンプ プレミアム」は、300 万種類以上のクリエイターズスタンプを自由に利用できる定額制のサービスです。LINE スタンプ プレミアムを利用すると、スタンプをダウンロードしなくても、トークルームのサジェスト機能（P.59Memo参照）でシチュエーションに合ったスタンプを表示してくれます。気に入ったスタンプは、最大 5 つまでダウンロードすることが可能です。

LINE スタンプ プレミアムには、3 つの料金プランが用意されており、初めての契約の場合は一カ月の無料体験を利用することができます。なお、無料体験期間中に解約を行えば、料金は一切かかりません。

LINE スタンプ プレミアムを解約したい場合、Android スマートフォンでは「スタンプショップ」画面で 🔧 →＜ LINE スタンプ プレミアム＞→＜プランの種類＞の順にタップし、「現在のプラン」の＜キャンセル＞→＜定期購入を解約＞の順にタップします。続けて解約の理由を選択して＜次へ＞をタップしたら、＜定期購入を解約＞をタップします。iPhone では 🔧 →＜ LINE スタンプ プレミアム＞→＜購入プランを編集＞の順にタップし、＜ LINE スタンプ プレミアム＞→＜サブスクリプションをキャンセルする＞→＜確認＞→＜完了＞の順にタップします。

▲「スタンプショップ」画面で「LINEスタンプ プレミアム」の＜無料で試す＞をタップして、料金プランを選び定期購入を行う

▲入力内容に合ったスタンプがトークルームでサジェスト表示される。気に入ったスタンプはダウンロードが可能

友だちにスタンプをプレゼントしたい

スタンプは自分で購入できるだけでなく、プレゼントとして友だちに贈ることもできます。友だちが気に入りそうなスタンプを見つけたら、ぜひプレゼントしてみましょう。より親密になれること請け合いです。

1 スタンプショップからスタンプをプレゼントする

スタンプは友だちにプレゼントすることもできます。日頃 LINE でやりとりしている友だちに、ささやかなプレゼントとして贈りましょう。スタンプショップの「スタンプ情報」画面で「プレゼントする」が表示されていたら、そのスタンプを友だちにプレゼントすることができます。有料、無料を問わず、相手が持っていないスタンプであればプレゼントすることができますが、イベントスタンプはプレゼントできないことに注意しましょう。

1	スタンプショップでプレゼントしたいスタンプを探してタップし、	2	<プレゼントする>をタップします。

スタンプ

3 プレゼントする相手をタップして選択し、

4 <次へ>をタップします。

< 選択中 1　　　　　　　　　　次へ

名前で検索

友だち 2

石崎 健

高田 悠介

5 トークでプレゼントを通知する際のテンプレートをタップして選択し、

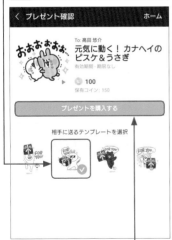

< プレゼント確認　　　　　　　　ホーム

To: 高田 悠介
元気に動く！ カナヘイの
ピスケ＆うさぎ
有効期間・期限なし

100
保有コイン: 150

プレゼントを購入する

相手に送るテンプレートを選択

6 <プレゼントを購入する>をタップします。

7 <OK>をタップします。

To: 高田 悠介
元気に動く！ カナヘイのピスケ＆うさぎ
有効期間・期限なし

100
保有コイン: 150

プレゼントを購入する

元気に動く！ カナヘイのピスケ＆うさぎ（100コイン）をプレゼントしますか？

キャンセル　　　OK

8 スタンプが友だちにプレゼントされます。

また連絡します！　18:20

1月24日(金)

日本、〒102-0072 東京都千代田区
飯田橋 3 丁目 7 - 3 岡田ビル

今日

FOR
YOU!

プレゼントを贈りました。
17:17

Section 074

スタンプの並び順を変えたい

よく使うスタンプは、「マイスタンプ編集」画面でリストの上位に配置しておくと、すばやく呼び出すことができて便利です。スタンプが増えてきたら、使いやすい順番に並べ替えてみましょう。

1 スタンプを編集する

　ダウンロードしたスタンプの数が増えてくると、トーク中にスタンプを入力しようとしても、目的のスタンプを探しづらくなってしまうものです。そのような状態になったら、「マイスタンプ編集」画面でスタンプの表示順を変更して、よく使うスタンプを上位に配置するようにしましょう。「マイスタンプ編集」画面は、「ホーム」画面で 🔧 →＜スタンプ＞→＜マイスタンプ編集＞の順にタップすると表示することができます。また、「マイスタンプ編集」画面で、＜削除＞→＜削除＞（iPhone では●→＜削除＞→＜削除する＞）の順にタップすれば、スタンプを削除することもできます。

　なお、よく使うスタンプは、トークルームのスタンプ画面で ⏱ をタップして、最近使ったスタンプから選ぶとよいでしょう。

▲「ホーム」画面で 🔧 →＜スタンプ＞→＜マイスタンプ編集＞の順にタップし、≡ をドラッグして並び順を変更する

▲トークルームでスタンプ画面を表示すると、スタンプの順番が入れ替わったことが確認できる。なお、⏱ をタップすると、最近使ったスタンプを表示できる

スタンプ

スタンプを購入したのに表示されない！

スタンプショップから購入したスタンプが入力画面に表示されないときは、まず「購入履歴」画面を確認しましょう。スタンプが購入履歴にも表示されない場合は、購入に失敗した可能性があります。

1 購入したスタンプが表示されないことがある

　有料・無料に関わらず、スタンプショップからダウンロードしたスタンプは、「購入履歴」画面に表示されます。電波の状況などで購入に失敗すると、購入履歴に表示されません。購入履歴には残っているにも関わらず、トークルームでスタンプが表示されない場合は、ダウンロードに失敗した可能性があります。「購入履歴」画面でスタンプをタップして、再度ダウンロードしましょう。ダウンロードに失敗する原因としては、インターネットの接続状況や、端末のストレージ不足などが考えられます。

　なお、「マイスタンプ編集」画面（P.106参照）で削除したスタンプは、トークルームで表示されなくなります。間違って削除してしまった場合は、「ホーム」画面で⚙→<スタンプ>→<マイスタンプ>の順にタップして、再度ダウンロードしましょう。

▲「ホーム」画面で⚙→<スタンプ>→<購入履歴>の順にタップすると、購入履歴が確認できる。購入したはずのスタンプが表示されていない場合は、購入に失敗した可能性がある

▲iPhoneの場合は、「購入履歴」画面の最下部にある<購入履歴を復元>をタップすると、復元されることがある

第4章 LINEの<スタンプ>でここが困った！

107

スタンプを作って販売できるの？

使うだけでなく、自分でスタンプを作ってみたい。そのようなクリエイティブなユーザーは「LINE Creators Market」を活用しましょう。自分だけのオリジナルスタンプを販売することができます。

① 自分で作ったスタンプは販売できる

　LINE では、スタンプを購入できるだけでなく、自分で制作したスタンプを販売することもできます。とはいえ、誰でも必ずスタンプが販売できるわけではありません。スタンプを販売するためには、審査に通過する必要があります。

　まずパソコンのブラウザで LINE Creators Market（https://creator.line.me/ja/）にアクセスして、クリエイター登録を行いましょう。次に、スタンプの画像をはじめとして、テキスト情報など必要なデータを揃えてアップロードします。審査に通過すると、販売することができるようになります。スタンプが販売されると、実際の売り上げから Google Play や App Store などの手数料 30% を引いた額の半分が振り込まれます。

　自作スタンプが公開されれば喜びもひとしおです。自信のあるクリエイターは、ぜひ挑戦してみましょう。

世界にひとつ
オリジナルのスタンプや絵文字、着せかえをつくろう

登録はこちら

▲ブラウザでLINE Creators Marketにアクセスし、＜登録はこちら＞をクリックして、クリエイター登録を進める。Webサイト上部の＜制作ガイドラインを確認＞をクリックすると、スタンプ販売に必要なものの詳細が確認できる

スタンプ

自分の名前を使った カスタムスタンプって何？

LINEには、既定のスタンプに自由にテキストを入力できる「カスタムスタンプ」があります。自分の名前を入力すれば、オリジナルのスタンプとして利用できます。また、テキストは何回でも変更可能です。

① カスタムスタンプをダウンロードする

「カスタムスタンプ」は、公式スタンプやクリエイターズスタンプに自分の名前など好きなテキストを入力してオリジナルスタンプとして利用できる機能です。

「スタンプショップ」画面の<カテゴリー>をタップして、<カスタムスタンプ>をタップすると、カスタムスタンプが一覧で表示されます。「スタンプ情報」画面でテキストを入力して<完了>をタップすると、入力したテキストが反映されたスタンプを確認できます。気に入ったら<購入する>をタップしてダウンロードしましょう。

▲「スタンプショップ」画面で<カテゴリー>→<カスタムスタンプ>の順にタップすると、カスタムスタンプが表示される

▲「スタンプ情報」画面で任意のテキストを入力すると、入力した内容が反映されたスタンプを確認できる

Memo　ダウンロード後にテキストを変更する

カスタムスタンプはダウンロード後にテキストを変更することもできます。テキストを変更したいときは、トークルームで任意のカスタムスタンプを表示し、<テキストを変更>をタップします。

絵文字を追加したい！

トークなどで利用できる絵文字は、スタンプと同様にトークルームからすぐに使える絵文字をダウンロードすることができます。また、有料の絵文字は「スタンプショップ」から購入が可能です。

1 絵文字をダウンロードする

P.95 では、あらかじめインストールされているスタンプのダウンロード方法を紹介しました。トークやタイムラインで利用できる絵文字も、トークルームで☺→🌑→ダウンロードしたい絵文字→<ダウンロード>の順にタップすることで、すぐに使い始めることができます。

また、絵文字もスタンプと同様に有料のものがあります。「スタンプショップ」画面を表示し、<絵文字>をタップすると、ダウンロード可能な絵文字が一覧で表示されます。気に入った絵文字があれば、Sec.070～071 を参考に操作を進めて購入しましょう。

ダウンロードした絵文字が増えてきたら、Sec.074 の左の画面で<絵文字>をタップして、使いやすいように整理するとよいでしょう。

▲トークルームで☺→🌑→ダウンロードしたい絵文字→<ダウンロード>の順にタップすると、絵文字をダウンロードできる

▲「スタンプショップ」画面で<絵文字>をタップすると、有料の絵文字が表示される

スタンプ

LINEの
<グループ>で
ここが困った！

Section

079

グループでは
何ができるの？

1対1のトークをするだけでも楽しいですが、グループを作って複数人でコミュニケーションすれば、LINEがいっそうおもしろくなります。友だちどうしの会話だけでなく、ビジネス上の連絡などにも効果的です。

1 複数の友だちと交流できる

　LINE は、友だちと 1 対 1 で交流できるだけのツールではありません。複数のメンバーとコミュニケーションできるグループ機能も備えています。グループでも、トークルームでほかのメンバーと会話したり、ノート機能やアルバム機能などを使って、さまざまな情報を共有したりすることができます。日々の会話をトークで繰り広げるだけでなく、友だちとの旅行計画をノートで共有したり、みんなでイベントに出かけたときの写真をアルバムにまとめたりして、自由に活用してみましょう。

　グループへの参加は、メンバーからの招待によってのみ可能です。自分から参加することができない点に注意しましょう。ただし、グループからの退会は自分から行うことができます。

グループ

▲ノートでは、トークルームとは異なり掲示板のように使うことができる

▲アルバムでは、メンバー全員と写真を共有できる。メンバーの誰もが写真を追加できることも大きな魅力

② グループと複数人でのトークとの違い ✦

　グループを使わなくとも、複数人でのトークでも、複数の友だちとコミュニケーションできますが、グループのほうがより多くの機能を使うことができます。複数人でのトークでは、アルバムやノートの共有、ほかのメンバーの退会などができません。複数人でのトークを一時的なチャットルームと考えるなら、グループはメンバーが集まる固定された場所と考えるとよいでしょう。

グループと複数人でのトークとの違い

	グループ	複数人でのトーク
トーク	○	○
音声通話	○	○
ビデオ通話	○	○
ノート	○	×
アルバム	○	×
ほかのメンバーの退会	○	×

③ グループ参加にあたって注意したいこと ✦

　仲のよい友だちや、職場や学校などといった特定のメンバーだけで構成されるグループの場合は、便利に活用できることでしょう。しかし、「友だちの友だち」などといった、知らない人が含まれる規模のグループに参加すると、知らない人にも、自分のアカウントを公開することになってしまいます。また、グループへの参加や退会などといった、グループに関する自分の挙動は、グループのトークルームにすべて通知されることにも注意して、安全に活用することを心がけましょう。

▲グループに招待されると、参加するか否かを選択することができる。＜拒否＞をタップすればグループに参加せずに済む

▲グループへの参加や招待などといったグループのメンバーの挙動は、グループのトークルームに通知される

Section 080

新しくグループを作りたい

まずは仲のよい友だちを誘って、新しいグループを作成してみましょう。グループに好きな名前を付けて、グループのメンバーに加えたい友だちを招待するだけで、かんたんに作ることができます。

① グループを作成する

グループ作成はとても手軽にでき、思い立ったらすぐにグループが作れます。グループのメンバーはあとから追加することもできるので、まずは仲のよい友だちから招待するとよいでしょう。

グループに招待できるのは、LINE で自分の友だちになっている人に限られています。ただし、グループのメンバーが友だちを招待することで、自分の友だち以外の人ともグループを通じて交流できるようになります。友だちの輪を広げることができる半面、見ず知らずの相手に自分の情報が伝わってしまう可能性もあります。その点に注意したうえで、グループを作成しましょう。

1 「ホーム」画面で＜友だち＞（iPhoneでは＜グループ＞）をタップし、

2 ＜グループ作成＞をタップします。

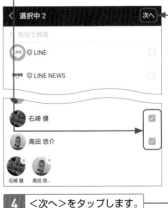

3 グループに追加したい友だちのチェックボックスをタップし、

4 ＜次へ＞をタップします。

グループ

| 5 | 「グループ名」と表示されている部分をタップしてグループ名を入力し、 | 8 | 「友だち」リストに戻ると、「グループ」欄に作成したグループが表示されます。 |

< プロフィールを設定　　　　　　作成

動物愛好会

5/50

メンバー 3

＋　　　勝又 晴香　　高田 悠介　　石崎 健
追加

| 6 | <作成>をタップします。 |

| 7 | グループが作成されます。 |

動物愛好会

ホーム　　　　　　　　　　　　　　2. ⚙

Q 検索

勝又 晴香　　　　　　　　　　Keep

友だち　　公式アカウント　　サービス　　スタンプ　　着せかえ
　　　　　　S　　　　　　　　　☺

グループ 1

グループ作成
友だちとグループを作成します。　　　　　　　　>

オープンチャット
いろんな人とおしゃべりしましょう。　　　　　　>

動物愛好会 (1)

友だち 2

石崎 健

高田 悠介

グループ名の横に表示されている数字は、グループに参加しているメンバーの数です。

Memo　招待した友だちの参加状況を確認する

グループに招待した友だちの参加状況を確認するには、「友だち」リストでグループをタップし、（数字はメンバーの数）をタップして、グループのメンバーを表示します。参加済みの友だちは「メンバー」欄に表示され、招待中の友だちは「招待中」欄に表示されます。なお、招待中の友だちをタップし、<キャンセル>をタップすると、招待をキャンセルすることができます。

< 動物愛好会(1)　　　　　　　　:

Q 名前で検索

メンバー(1)

勝又 晴香

招待中(2)

石崎 健

高田 悠介

Section 081

グループに招待されたら？

友だちが作ったグループに参加するには、グループに参加しているメンバーからの招待が必要です。グループへの招待が届いたら、グループに参加するか拒否するかを選択することができます。

1 招待されたグループに参加する

グループへの招待を受け取ると、「友だち」リストに「招待されているグループ」として表示されます。グループに参加する場合は、招待されているグループをタップして開き、＜参加＞をタップします。参加すると、自分以外のメンバーのトークルームに、自分が参加したことが通知されます。なお、グループに途中から参加した場合、自分が参加する前のトーク内容は閲覧できません。

グループに参加したくない場合は、＜拒否＞をタップしましょう。グループへの招待を拒否した場合については、Sec.093 を参照してください。

▲招待されたグループに参加する場合は、「友だち」リストでグループをタップし、＜参加＞をタップする。参加しない場合は＜拒否＞をタップする

▲メンバーが参加すると、グループのトークルームに通知される。ただしこの通知は、参加した当事者のトークルームには表示されない

グループ

グループに友だちを招待したい

グループの作成時に招待しなければメンバーになれないわけではありません。グループのメンバーはあとから追加することもできます。グループのトークルーム、もしくはメンバーを表示する画面から招待します。

1 友だちをメンバーとして追加する

グループのメンバーはいつでも追加することができます。グループのメンバーを追加するには、グループのトークルームや、グループのメンバーを表示する画面（P.115Memo参照）から友だちを招待します。グループの作成者でなくとも、メンバーであれば誰でも、グループに友だちを招待することができます。

ただし、あとから参加したメンバーは、それまでのグループのトーク内容を見ることはできません。グループに参加した時点からトークルームが開始されるしくみです。もちろん、あとからグループに参加したメンバーでも、自分の友だちをグループに招待することが可能です。

▲Androidスマートフォンではグループのトークルームで✓をタップし、＜招待＞をタップする。グループに招待したい友だちを選択したら、＜招待＞をタップする

▲iPhoneではグループのトークルームで☰をタップし、＜メンバー・招待＞をタップする。＜友だちの招待＞をタップし、グループに招待したい友だちを選択したら、＜招待＞をタップする

117

Section

083

グループのアイコンを設定したい

グループを作成する際、プロフィール画像が公式アイコンから自動的に設定されますが、ほかの公式アイコンに変更したり、端末内の画像を設定することもできます。グループに合った画像を設定しましょう。

1 好きなプロフィール画像を設定する

　グループのプロフィール画像には、あらかじめ用意されている LINE の公式アイコンだけでなく、自分で撮影した写真や作成した画像も使うことができます。いつでも変更することができるので、気軽に設定してみましょう。なお、グループのプロフィール画像を変更すると、グループのトークルームには、誰が画像を変更したか通知されます。

　ここでは、端末に保存された画像をプロフィールに設定する方法を紹介します。

1 グループのトークルームで☑（iPhoneでは☰）をタップし、

2 ＜設定＞（iPhoneでは ⚙ ）をタップします。

3 📷をタップし、

4 Androidスマートフォンでは＜プロフィール画像を変更＞をタップして、

プロフィール画像を変更

プロフィール画像を削除

5 <写真を選択>(iPhoneでは<アルバム>)をタップします。

写真を撮影　　写真を選択

ここで好みの公式アイコンをタップし、☑(iPhoneでは<完了>)をタップすると、公式アイコンを設定できます。

6 端末内から使用する画像を選択します。

7 四隅をドラッグして、サイズと位置を調整したら、

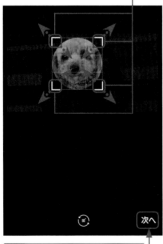

次へ

8 <次へ>をタップします。

9 適用したい効果をタップして、

C T ✏ 😊 👤

Original　Clear　Youth　Heart　Hazel　Fog

完了

10 <完了>をタップすると、

11 アイコンに画像が設定されます。

< トーク設定

グループ名
動物愛好会

メンバーリスト・招待

投稿の通知
グループノートへの「いいね」やコメントの通知を受　☑
信します。

背景デザイン

119

複数人のトークを グループにできる？

複数人のトークでは、ノートやアルバムなどの機能が利用できません。もし複数人のトークのメンバーでノートやアルバムを作成したい場合は、そのメンバーを引き継いでグループにすることができます。

① 複数人のトークをグループにする

　複数人のトーク（Sec.046 参照）は、グループと同じようにメッセージやスタンプのやりとり、音声通話やビデオ通話などが利用できますが、ノートやアルバムといった機能は利用することができません。ノートやアルバムを複数人のトークのメンバーで利用したい場合は、トークルーム画面右上の∨（iPhone では▤）をタップし、<グループ作成>をタップして、複数人のトークをそのままグループにしましょう。

　なお、複数人のトークからグループを作成すると、これまでのトーク履歴は削除されてしまいます。複数人のトークのときのトーク履歴を残しておきたい場合は、複数人のトークからグループを作らず、Sec.080 を参考に新しくグループを作るようにしましょう。

▲複数人のトークのトークルームで∨（iPhoneでは▤）をタップし、<グループ作成>をタップする。次の画面でメンバーを確認し、<次へ>をタップする

▲グループ名やアイコンを設定し、<作成>をタップする。グループが作成されると、複数人のトーク時のトーク履歴は削除される

グループ

グループで通話はできる？

1対1のトークや複数人のトークと同じように、グループでも通話をすることが可能です。音声通話だけでなくビデオ通話も利用できるので、待ち合わせや打ち合わせなどにも便利です。

1 グループで通話をする

1対1のトークや複数人のトークと同様に、グループでも音声通話とビデオ通話をすることができます。通話を開始するには、画面上部の📞→＜音声通話＞または＜ビデオ通話＞の順にタップします。通話が開始されると、グループのメンバーのもとに通知メッセージが届きます。通話に参加するには、メッセージの＜参加＞をタップし、＜はい＞（iPhone では＜ OK ＞）をタップします。通話に参加した友だちは、通話画面にアイコン画像が表示されます。

📞をタップすると、通話に参加していない友だちを招待することができますが、招待できるのはグループに参加しているメンバーのみです。

▲📞→＜音声通話＞の順にタップすると、グループでの通話が開始される

▲通話に参加している友だちが表示される。●をタップすると通話から抜けられる

グループでも ノートを使いたい

ノートはトークと違い、投稿した情報や画像などがまとまって表示されます。掲示板や記録帳として重宝するので、大切な情報や思い出の画像や動画を投稿するなどして、ノートを活用しましょう。

① ノートを活用する

　メッセージがこまごまと連なるトークルームでは、時間が経つと、過去の発言を遡ったり、情報をまとめて把握することは困難です。そこで、イベントのお知らせや、残しておきたい記録などは、ノートに投稿して、すぐに閲覧できるようにしておきましょう。

　ノートでは、メッセージはもちろん、写真や動画、スタンプなども投稿することが可能です。また、ノートの投稿に対して、グループのメンバーはコメントや「いいね」を付けることができるので、トークルームとは異なる交流を楽しむことができます。

▲「友だち」リストでグループをタップし、＜ノート＞をタップすると、グループノートが表示される。●→＜投稿＞の順にタップすると、ノートに投稿できる

▲ノートに投稿すると、グループのトークルームにも通知される。通知の＜ノート＞をタップすると、ノートの投稿を閲覧することができる

グループ

122

②投稿に「いいね」やコメントを追加する ✦

　友だちがノートに投稿したら、ぜひ「いいね」やコメントを付けてみましょう。投稿に付与される形で「いいね」やコメントがまとめられます。こうしたスレッド機能を上手に使えば、テーマごとのディスカッションといった用途にも活用できるでしょう。

　コメントでは、スタンプや絵文字を送信することもできます。ただし、コメントで画像や動画を送ることはできないので注意しましょう。

　なお、投稿に対して「いいね」やコメントが追加されると、投稿したメンバーにのみ通知されます。また、特定のコメントに対してコメントを返すことも可能で、この場合にはその宛先となるメンバーにも通知されます。

▲気に入った投稿の下部の☺をタップすると、投稿に「いいね」が追加される

▲投稿の下部の☺をタップすると、投稿に対するコメントを入力できる。このとき、特定のコメントをタップすると、コメントの送信者宛にコメントできる

Hint　トークルームからノートを表示する

グループのトークルームで、画面右上の■（iPhoneでは☰）→＜ノート＞の順にタップすると、そのグループのノートへとすぐに移動できます。トーク中にイベントの待ち合わせ時間を確認するときなどに活用してみましょう。

123

Section 087

写真や位置情報を ノートに投稿したい

ノートに投稿できるのは、テキストだけではありません。写真や位置情報などを投稿することもできます。メンバーに伝わりやすいようにいろいろな情報を投稿して、ノートをより充実させましょう。

1 ノートに写真を投稿する

グループのメンバーに見てもらいたい写真をノートに投稿してみましょう。コメントや「いいね」を付けてもらえるので、より楽しく共有することができます。トークでは、写真は単体で送信されますが、ノートでは写真とテキストを同時に送信することができるので、写真の説明を添えて投稿すると、ほかのメンバーに伝わりやすくなることでしょう。

ノートに写真を投稿するには、ノートの投稿画面で📷をタップし、写真を撮ります。また、🖼をタップすると、端末内の写真を選択することができます。このとき、必要に応じてフィルターを適用することもできます。

▲ノートの投稿画面で📷または🖼をタップして写真を添付し、＜投稿＞をタップする

▲投稿する際にコメントを入力すると、写真にコメントを添える形で投稿することができる

② ノートに位置情報を投稿する

　ノートには位置情報を投稿することもできます。位置情報を投稿するには、まずノートの投稿画面で<位置情報をシェア>をタップします。地図が表示されるので、スワイプして目的の場所をピンで指し、<この位置を送信>をタップして添付します。この際、画面上部の検索欄に目的地を入力することでも、位置を指定することができます。写真と同様に、ノートではテキストといっしょに位置情報を送信することができるので、必要であればコメントを入力して投稿しましょう。位置情報についての説明をスマートにメンバーに伝えることができます。グループのメンバーにイベントの集合場所などを伝えたいときなどに、ぜひ活用しましょう。

▲ノートの投稿に位置情報を追加するには、ノートの投稿画面で<位置情報をシェア>をタップする

▲地図をドラッグするか、画面上部の検索欄に目的地を入力して位置を指定し、<この位置を送信>をタップする

Hint　投稿された位置情報を閲覧する

投稿された位置情報をタップすると、地図上で位置を確認することができます。なお、画面右下の⋮をタップし、<他のトークに送信>をタップすれば、グループのメンバー以外の友だちにも、位置情報を伝えることができます。

Section 088

グループで アルバムを作りたい

グループのメンバーと共有したい写真は、アルバムにまとめておきましょう。アルバムには、トークルームのような写真の保存期限が設けられていないため、いつまでも閲覧することができます。

① グループでアルバムを共有する

　グループのメンバーとイベントを行ったときなどに撮影した写真は、アルバムに投稿してグループ全体で共有しましょう。グループのメンバーは、アルバムの写真を閲覧できるだけでなく、アルバムから選択した写真を端末に一括ダウンロードすることもできるので、1人1人に写真を配布するような手間も省けます。アルバムは複数作成することができ、1つのアルバムにつき1,000枚までの写真が保存できます。

　なお、アルバム作成時に複数の写真をまとめて投稿する以外にも、あとから写真を追加することもできます。グループのメンバーなら誰でも写真を追加できるので、みんなで写真を投稿し合って、より魅力的なアルバムに仕上げましょう。

1	「友だち」リストでグループをタップし、<アルバム>をタップします。

2	<アルバムを作成>をタップします。

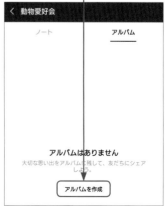

3 アルバムに投稿する写真を
タップして選択し、

すべての写真 ▼

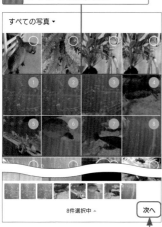

8件選択中 ▲　　　　　　　　　　次へ

4 <次へ>をタップします。

5 アルバム名を入力したら、

8 作成

箱根水族館

6 <作成>をタップします。

7 アルバムが作成されます。

< 動物愛好会

　　　ノート　　　　　　　　　アルバム

箱根水族館　　　　　　　　　　　…

8 アルバムを開くには、アルバ
ムをタップします。

9 ●をタップすると、アルバム
に写真を追加できます。

Memo アルバムの写真を端末に保存する

手順**9**の画面でアルバム名をタップし、
画面右上の ⋮ →<アルバムをダウン
ロード>の順にタップすると、アルバム
の写真をすべて保存することができま
す。

> 写真を選択
> アルバム名を変更
> アルバムをダウンロード
> アルバムを削除

グループで
イベントを共有したい

グループ内のイベントをカレンダーに登録しておけば、メンバーはいつでもイベントの日程などを確認することができます。また、イベント前の通知設定をしておけば、予定を忘れてしまうことも防げます。

1 グループでイベントを共有する

　LINE では、トークルームごとに予定を作成できる「イベント」機能があります。同窓会や食事会、アウトドアや旅行など、大人数でのイベントはグループでイベントを登録しておくと便利です。

　イベントは、グループのトークルームで ☑ （iPhone では ☰）をタップし、<イベント>をタップすることで作成できます。イベント内容や時間、場所などを登録し、さらにイベント前に通知を届ける設定をしておけば、グループのメンバーが予定を忘れてしまうのを防ぐことができるでしょう。

　また、イベントでは参加の可否を確認することもできます。詳しくは Sec.090 を参照してください。

1 グループのトークルームで ☑（iPhoneでは ☰）→<イベント>の順にタップします。

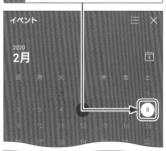

2 イベントを登録したい日にちをタップし、

3 ⊕をタップします。

グループ

4 イベントの内容がわかるようなタイトルを入力し、

猫カフェ

⊙ 終日

開始：2020/2/8 18:00

終了時間

5 <開始>の日時をタップします。

6 イベントの時間をスライドして設定し、

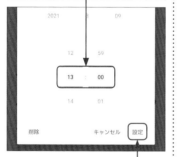

2021

12 59

13 ： 00

14 01

削除 　　　　キャンセル　設定

7 <設定>（iPhoneでは<完了>）をタップします。

8 場所などを入力し、

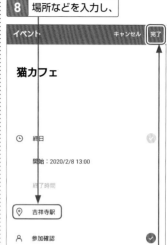

イベント 　　　　　キャンセル　完了

猫カフェ

⊙ 終日

開始：2020/2/8 13:00

終了時間

⊙ 吉祥寺駅

 А 参加確認

9 <完了>をタップすると、

10 イベントの登録が完了し、トークルームにも登録した内容が投稿されます。

イベント 　　　　　　　　　×

2/8（土）
猫カフェ

⊙ 13:00
⊙ 吉祥寺駅

✓ 参加 　　✕ 不参加 　　? 未定

メンバーが見逃さないようにイベントをアナウンスしよう！

Memo　イベントを通知する

イベントの登録時に通知を設定しておくと、イベント前にグループのメンバーにイベントがあることを通知することができます。手順**8**の画面で<通知を送信>をタップすると、1週間前〜5分前の間で通知の時間を設定できます。

グループでイベントの出欠をとりたい

イベントを作成するとき、「参加確認」を有効にしておくことで、メンバーのイベントの出欠をとることができます。また、イベントをアナウンスに登録しておけば、イベント情報を目立つ位置に固定できます。

1 グループでイベントの出欠をとる

　イベントの作成時（Sec.089参照）に、「参加確認」にチェックを付けておくと、グループのメンバーが「参加」「不参加」「未定」の3つから参加の可否を選ぶことができます。イベントを作成したあとは、トークルームで「イベントの参加の可否を選択してください」といったメッセージを送っておくとよいでしょう。

　イベントの参加状況は、イベント内容の画面から確認します。なお、グループのメンバー全員が一度選択した項目を変更することができますが、変更は通知されないため、イベント作成者はイベント直前まで定期的に参加状況をよく確認するようにしましょう。

▲イベントの作成時に、「参加確認」にチェックを付けておく

▲グループのメンバーに＜参加＞＜不参加＞＜未定＞のいずれかをタップしてもらうと、出欠を確認できる

グループ

② イベントをアナウンスに登録する

　イベントの作成はトークルームに投稿されますが、その後メッセージなどのやりとりをするとイベントのお知らせが流されてしまい、イベントがあることを忘れてしまう人がいるかもしれません。

　イベントを忘れられないようにするには「通知を送信」（P.129Memo参照）にチェックを入れておくことも有効ですが、イベント作成後の画面で＜アナウンスに登録＞をタップすると、トークルームの最上部に情報を固定できるため、グループのメンバーにイベントを見落とされる心配がなくなります。

▲イベントの作成後、＜アナウンスに登録＞
→＜OK＞の順にタップする

▲グループのトークルームの最上部にイベント情報が固定される。アナウンスをタップすると、イベント内容の画面を確認できる

> **📝 Memo　アナウンスを解除する**
>
> イベントが終了したあともアナウンスは固定されたまま残ります。イベント終了後はアナウンスを長押しし、＜アナウンスを解除＞をタップしてアナウンスを削除しましょう。なお、＜今後は表示しない＞をタップすると、アナウンスは自分のトークルームのみで削除され、ほかのメンバーのトークルームにはアナウンスが残ります。

第5章　LINEの＜グループ＞でここが困った！

グループの名前やカバー画像を変えたい！

適当に付けておいたグループ名を変えたくなったり、グループのカバー画像を変えたくなったりしたときは、ほかのグループのメンバーと相談して、新しいグループ名や画像に変更しましょう。

① グループ名やカバー画像を変更する

グループ名やカバー画像は、いつでも変更することができます。グループ名を変更したい場合は、グループの「トーク設定」画面でグループ名をタップし、新しいグループ名を入力して、<保存>をタップしましょう。設定できるグループ名は 20 文字までに制限されているので、グループの属性がひとことで表現されるような、わかりやすい名前を付けるとよいでしょう。カバー画像を変更したい場合は、「トーク設定」画面で個人のプロフィールの編集と同様の操作で変更ができます（Sec.011 参照）。

なお、グループ名やカバー画像はグループのメンバーなら誰でも変更することができますが、勝手に変更するとほかのメンバーが混乱してしまいかねません。トークなどでメンバーと協議したうえで変更するようにしましょう。

▲Sec.083の方法でグループの「トーク設定」画面を開き、現在のグループ名をタップする。新しいグループ名を入力し、<保存>をタップすると、グループ名が変更される

▲「トーク設定」画面でカバーの◎をタップすると、端末内の画像からカバーにしたい画像を選択できる

グループの通知がたくさんきて困る!

グループが活発な場合、メッセージや「いいね」といった通知が多くなり、仕事などの妨げになりかねません。グループからの通知の頻度が高いと感じたら、グループの通知設定を見直しましょう。

① グループの通知をオフにする

グループにおいても、ほかのメンバーからメッセージなどが届くと、そのたびに通知されます。通知はLINEのリアルタイムのコミュニケーションを楽しむために欠かせない機能です。そうとはいっても、複数人が参加するグループのコミュニケーションは活発になりがちなので、グループからの度重なる通知が気になることもあるでしょう。そのようなときは、グループからの通知をオフにするのも1つの方法です。

グループからの通知は、トークルームでオフにすることができます。ただし、ノートの投稿に対する「いいね」やコメントの通知は、グループの「トーク設定」画面で「投稿の通知」を無効にしなければオフにできません。なお、通知のオン／オフは、グループごとに設定できます。

▲グループからの通知をオフにするには、グループのトークルームで🔽→＜通知オフ＞（iPhoneでは☰→「通知」の◎）の順にタップする

▲ノートの投稿に対する「いいね」やコメントの通知をオフにするには、Sec.083の方法でグループの「トーク設定」画面を開き、「投稿の通知」を無効にする

グループへの招待を拒否するとどうなる？

友だちから招待されたグループが、参加したいものばかりとは限りません。LINEでつながりたくないメンバーがいたり、そもそも関心がなかったりするグループの場合は、招待を拒否するとよいでしょう。

1 招待を拒否しても通知されない

グループへ招待された場合、「参加」と「拒否」の選択肢が用意されています。あまり気乗りがしないグループには無理に参加せず、拒否するとよいでしょう。拒否したグループは、「友だち」リストの「招待されているグループ」欄から消去されます。また、グループへの招待を拒否しても、そのグループのトークルームや、誘ってくれた友だちに、自分が拒否したことは通知されません。

ただし、グループを拒否した場合、拒否したグループのメンバーに招待をキャンセル（P.115Memo参照）されない限り、グループのメンバーを表示する画面の「招待中」欄に、自分のアカウントが表示され続けます。

▲「友だち」リストで招待されているグループをタップし、<拒否>をタップすると、グループへの参加を拒否できる

▲参加を拒否してもグループのメンバーには通知されず、グループのメンバーを表示する画面の「招待中」欄に自分のアカウントが表示され続ける

Hint 一度拒否したグループに参加する

グループの招待を拒否したあとで、参加に変更することはできません。誤って招待を拒否してしまった場合は、グループのメンバーに招待をキャンセルしてもらったうえで、再度招待してもらいましょう。

グループ

メンバーを退会させることはできるの?

グループの開設者でなくとも、メンバーであれば誰でも、ほかのメンバーをグループから退会させることができます。グループのメンバーを整理する必要が出てきた場合などに活用しましょう。

1 メンバーなら誰でも退会させられる

グループを長く利用していると、グループの趣旨に沿わないメンバーや、ほとんどLINEを使っていないメンバー、あるいはほかのメンバーに迷惑をかけるメンバーなども出てくるものです。これらのようなメンバーがいる場合は、グループから退会させることも必要でしょう。LINEのグループには管理者がいないため、グループのメンバーであれば誰でも、ほかのメンバーを退会させることができます。

ただし、メンバーを退会させると、グループのトークルームに誰が誰を退会させたかが通知されます。また、一度退会させてしまうと、再度グループに招待しない限り、相手をメンバーに戻すことはできません。メンバーを退会させる場合は、慎重に操作しましょう。

▲P.115Memoの方法でグループのメンバーを表示する画面を開き、■→＜編集＞の順にタップして、退会させたいメンバーの右側の＜削除＞をタップし、＜はい＞をタップする（iPhoneでは＜編集＞→●→＜削除＞→＜削除＞→＜完了＞の順にタップ）

▲メンバーを退会させると、誰が誰を退会させたかが、グループのトーク画面に通知される

グループから退会するには？

参加しているグループが増えると、対応も何かと厄介になるものです。
積極的に参加する気がないグループからは、退会してしまいましょう。
ただし、退会するとトークなどの履歴は自分のLINEから削除されます。

① いつでもグループから退会できる

グループからの退会は、トークルームからいつでもかんたんに行うことができます。参加している意味があまりないグループがある場合は、退会してしまうとよいでしょう。

ただし、グループから退会すると、自分のLINE上ではグループのトークルームが削除されてしまいます。再度グループに参加しても、履歴を閲覧することはできなくなります。なお、自分がグループから退会しても、ほかのグループのメンバーは、自分の過去のトークを見ることができます。また、グループのトークルームに自分が退会したことが通知されます。こうしたグループのしくみを理解したうえで、退会を行いましょう。

▲グループのトークルームで∨→<退会>
（iPhoneでは☰→<グループ退会>）の順に
タップする

▲表示された内容をよく読んで、退会する場合は<はい>（iPhoneでは<OK>）をタップする。退会すると、トークルームが削除され、ほかのメンバーに通知される

StepUp グループを削除する

LINEには、グループ自体を直接削除する機能はありませんが、メンバーを全員削除したあと、最後に残った自分も退会することで、グループを削除することができます。

グループ

LINEの
<関連サービス>で
ここが困った！

LINEのデザインを変更したい

いつも同じデザインではつまらない、もっと楽しいデザインにしたいといったときは、「着せかえ」機能を使って、LINEの画面のデザインを好みのテーマに変更しましょう。

1 着せかえ機能でテーマを変更する

「着せかえ」機能とは、メニューアイコンや背景デザインなど、LINEの画面のデザインをまるごと変更する機能です。トークルームの背景デザインだけでなく、メイン画面やメニューアイコンのデザインなどもセットで変えたい場合は、着せかえを利用しましょう。ただし、トークルームの背景デザインを設定しているときに着せかえを適用すると、トークルームの背景デザインも着せかえのデザインに変更されてしまう点に注意してください。また、着せかえを適用している場合は、トークルームの背景デザインを「デザインを選択」から変更することができません。

着せかえのテーマは、「ホーム」画面で<着せかえ>→<着せかえショップへ>の順にタップ（iPhone では「ホーム」画面で<着せかえ>をタップ）してダウンロードします。利用可能な着せかえのテーマや購入履歴の確認は、「ホーム」画面で⚙→<着せかえ>の順にタップして行います。

▲「ホーム」画面で<着せかえ>をタップし、画面下部の<着せかえショップへ>をタップしたら、好みのテーマをタップする

▲<ダウンロード>（有料の場合は<購入する>）をタップしてダウンロードし、<今すぐ適用>をタップするとデザインが変更される

関連サービス

「タイムライン」って何？

特定の友だちとのコミュニケーションを楽しむ場所がトークやグループであるのに対して、友だち全員が見ることができるメッセージや画像などを投稿できる場所が、タイムラインです。

1 友だち全員と交流できるタイムライン

「タイムライン」とは、公開範囲を自由に選べるミニブログのようなものです。タイムラインに投稿すると、友だちが投稿を閲覧したり、コメントや「いいね」を残したりできるようになります。1回の投稿で友だち全員に近況などを知らせることができるので、多くの友だちに知らせたいことがあるときに活用しましょう。タイムラインには、自分や友だちの投稿、グループのノートへの投稿が時系列順に表示されます。画面下部のメニューから<タイムライン>をタップするとタイムラインを表示できます。自分や特定の友だちの投稿を表示するには、「ホーム」画面で自分や友だちのアイコンをタップし、<投稿>をタップします。

▲タイムラインは、自分や友だち、ノートの投稿内容が表示される。友だちに追加した公式アカウント（Sec.100参照）の投稿も同じように表示される

▲「ホーム」画面で自分のアカウントをタップし、<投稿>をタップするとこれまでの投稿を確認できる

Section 098

タイムラインって 何を投稿すればいいの？

タイムラインは、友だちの投稿を表示するだけの場所ではありません。自分でテキストや写真などを投稿することで、友だちは自分のタイムラインであなたの投稿を見ることができます。

① タイムラインに投稿する

タイムラインには、テキストのほか画像やスタンプなどの投稿にも対応しています。考えていることや近況などを投稿して友だちに伝えてみましょう。タイムラインへの投稿は、初期設定では全体公開になっていますが、投稿ごとに、特定のグループのメンバーや、個人宛、自分のみなどに公開範囲を設定することもできます。

1 「タイムライン」画面で●をタップします。

2 <投稿>をタップします。

3 必要に応じて投稿の公開範囲を設定し、

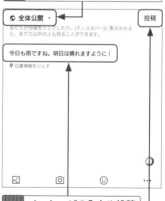

4 メッセージの入力や投稿する画像・スタンプなどを選択して、

5 <投稿>をタップすると、タイムラインへの投稿が完了します。

関連サービス

タイムラインの上にある「ストーリー」って？

「ストーリー」には、写真や動画、テキストを24時間限定で公開することができます。タイムラインよりも手軽で、リアルタイム性のある投稿をしてみましょう。

1 ストーリーを投稿する

「タイムライン」画面を表示すると、画面最上部に「ストーリー」があります。＜＋ストーリー＞をタップするとカメラが起動し、撮影した写真をストーリーにすばやく投稿できます。投稿した写真は24時間で公開が終了してしまいますが、自分が投稿したストーリーは、「ホーム」画面で自分のアカウントをタップし、表示される画面を上方向にスワイプすると確認できます。タイムラインよりも手軽に「今」を共有できるので、日常のふとしたことを投稿するのに向いています。また、「タイムライン」画面で友だちのストーリーをタップすると、友だちが投稿したストーリーが自動再生されます。友だちのストーリーにはコメントや「いいね」を付けることもできます。

1 「タイムライン」画面で＜＋ストーリー＞をタップします。

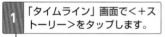

2 ◯をタップして写真を撮影します。

3 ▶をタップすると、

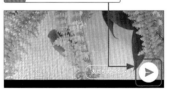

4 ストーリーが投稿されます。

Section

100 公式アカウントって何？

LINEには、一般のLINEユーザーのアカウント以外に、企業や著名人などの「公式アカウント」があります。これらの公式アカウントと友だちになると、無料スタンプやクーポンなどの情報が得られます。

① 公式アカウントを活用する

公式アカウントとは、企業や著名人などが開設しているアカウントです。イベントや商品の情報などをトークルームに届けてくれます。公式アカウントの中には、オリジナルスタンプの提供や、LINEだけの限定クーポンの配布などといったサービスを行っているものも少なくありません。興味のある公式アカウントを友だちに追加して、スタンプやクーポンなどを入手してお得に活用してみましょう。

▲「ホーム」画面で<公式アカウント>→<公式アカウント>（iPhoneでは「友だち」リストから<公式アカウント>→◎）の順にタップし、好みの公式アカウントを探してタップする。アカウント名がわかる場合は、検索欄で検索するとすばやく見つけることができる

▲公式アカウントと友だちになるには、<追加>をタップする。トークルームにサービス情報やクーポンなどが届くようになる

関連サービス

142

② おすすめ公式アカウント

ここでは、便利な公式アカウントを紹介します。スタンプやクーポンを届けてくれるアカウントもあれば、外国語を翻訳をしてくれたり、住んでいる地域の情報を配信してくれたりするアカウントもあります。友だちに追加して、思う存分活用しましょう。

(LINE)	LINE チーム	LINEの公式アカウントです。LINEの新しい機能の紹介やアップデートのお知らせ、新しいスタンプの情報など、最新のニュースが発信されています。
?	LINE かんたんヘルプ	LINEで困っていることをトークで質問するだけで解決方法や操作方法を教えてくれます。LINEの使い方を紹介している動画を見ることもできます。
(LINE)	LINE お天気	毎日の天気がLINEで配信されています。地域名を入力すると、その地域の今の天気を知ることができるほか、お天気アラートを設定することで毎朝決まった時刻に指定した地域の天気を知ることができます。
⌂	LINE 家計簿	トークルームで「ランチ1000」など、使った金額を入力するだけで、かんたんに支出の管理ができます。LINE Payと連携させると何にいくら使ったかグラフやカレンダーで確認することもできます。
ヤマト運輸	ヤマト運輸	荷物の配達状況の確認や受け取り日時の変更ができます。
首相官邸	首相官邸	ニュースや政策情報などが配信されるほか、災害時やインフルエンザの流行時にメッセージが届きます。トークルームでメッセージを送信すると、防災特集などの記事を紹介してくれます。
WSJ	WSJ 日本版	米国版WSJ.comに掲載されている記事の中から、金融、ビジネス、アメリカ政治・経済を日本語で解説した記事など、いま話題のニュースを厳選して配信してくれます。
レタス クラブ MOOK	レタスクラブ MOOK	毎週月曜日16時に毎日の料理に役立つレシピを配信しています。バックナンバーを見ることもできるのでたいへん便利です。
ローソン	ローソン	ローソンクルーあきこちゃんから、ローソンのお得な情報や、特定の商品が半額になるなどといったクーポンが届きます。また、スタンプが配布されることもあります。
a	Amazon.co.jp （アマゾン）	お得なセール情報やキャンペーン情報などが届きます。タイムラインの投稿にコメントすることで個別の質問をすることができます。また、Amazonアカウントとリンクさせることで発送状況の確認や注文内容の変更もできます。

Section
101

LINEを使っていない人にも電話できる？

LINEの友だちには無料通話を使うことができますが、LINEを使っていない相手には無料通話が使えません。携帯電話や固定電話の相手、お店に電話したいときは「LINE Out Free」を利用しましょう。

①LINE Out Freeを利用する

　LINE Out Free とは、携帯電話や固定電話にインターネット回線を使って電話するサービスです。「ホーム」画面で<サービス>→<その他サービス>（iPhone では「サービス」の<すべて見る>）→< LINE Out Free >→田→<利用開始>の順にタップすると利用できます。動画広告を見ることで、日本国内の固定電話に1回3分、日本国内の携帯電話に1回1分、1日5回まで無料で通話することができます。

　また、無料通話を使い切ったときはコールクレジットを購入することで動画広告を見なくても通話できるようになります。LINE Out Free のキーパッド画面を表示し、⚙→<コールクレジットを購入>→<購入する>の順にタップして購入しましょう。なお、< 30 日プランを購入>をタップすると、購入から30日間、決められた時間までより割安に通話できる「30日プラン」を購入することもできます（iPhone では LINE STORE から購入）。また、Android 端末では< LINE コインを LINE 電話に使用>をタップすると、LINE コイン（Sec.070 参照）を利用することも可能です。

マイクレジット

0 クレジット

クレジット購入

240 クレジット　¥ 250

購入する

30日プランを購入する

▲LINE Out Freeのキーパッド画面で⚙→<コールクレジットを購入>→<購入する>の順にタップすると、コールクレジットを購入できる

▲LINE Out Freeのキーパッド画面で電話番号をタップして📞をタップすると、電話できる

② お店に無料で電話する

公式アカウントのアカウントページにお店の電話番号が載っている場合は、LINE Out Free を利用して無料通話をすることができます。通話時間は限られていますが、予約の電話やかんたんな問い合わせ程度であれば十分な時間でしょう。

1 「公式アカウント」画面の友だち追加済みリストを表示し、

2 電話したいお店の公式アカウントをタップします。

アカウントページが表示されます。

3 お店の情報の中から電話番号をタップします。

4 <LINE Out>をタップします。

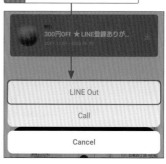

電話番号が入力された状態のキーパッド画面が表示されます。

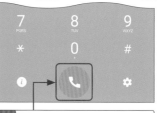

5 ■をタップして電話を発信します。

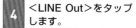

第6章　LINEの〈関連サービス〉でここが困った！

145

不必要な公式アカウントを削除したい！

友だちに追加した公式アカウントからは、限定のクーポンやキャンペーン情報が届くことがありとても便利ですが、通知が煩わしいときやメッセージを読みたくないときは削除することもできます。

① 公式アカウントをブロックして削除する

オリジナルスタンプや限定クーポンを目的に友だちになったものの、そのあと不必要になってしまった公式アカウントは、一般の友だちと同じ方法でブロックしたり削除したりすることができます。友だちになった公式アカウントが増えると、トークルームが公式アカウントで占領されてしまう可能性もあるので、気になる場合は定期的に整理しましょう。

▲「公式アカウント」画面の友だち追加済みリストでブロックしたいアカウントを長押しし、＜ブロック＞→＜ブロック＞の順にタップする

▲「ホーム」画面で⚙→＜友だち＞→＜ブロックリスト＞の順にタップし、削除したい公式アカウントの＜編集＞→＜削除＞の順にタップする

関連サービス

103

LINEを使って翻訳ができるの？

LINEの友だちや参加しているグループに、日本語がネイティブでない人がいる場合は、自動的に翻訳してくれる通訳アカウントやLINEのOCR機能を利用しましょう。

1 通訳アカウントやOCR機能を利用する

「ホーム」画面で<公式アカウント>→<公式アカウント>（iPhoneでは「友だち」リストから<公式アカウント>→🔍）→<カテゴリ>→<LINE サービス>の順にタップすると、「LINE 英語通訳」などといった、通訳アカウントが確認できます。利用したい言語のアカウントを友だちに追加して、通訳が必要なときにトークルームに招待（P.70参照）すると、送信されたテキストを自動的に翻訳してくれます。相手の言語を日本語に翻訳してくれるだけでなく、こちらが送信する日本語を相手の言語にも翻訳してくれます。タイムラグを感じないほどすばやく訳されるので、スムーズな会話が可能です。間違った翻訳をされないためには、主語と述語の関係を明確にするように心がけながら文章を書くとよいでしょう。

また、OCR 機能を利用すると、撮影した写真や送られてきた画像の中の言語を翻訳することができます。海外旅行先の看板や外国語で書かれた書類を翻訳したいときにとても便利な機能です。

▲通訳が必要な友だちとのトークルームで通訳アカウントを招待し、友だちとトークすると、それぞれの言語が自動的に翻訳される。「@bye」と送信すると通訳アカウントは退室する

peeped into the book her
sister was reading, but it had no pictures or
conversations in it, 'and what is
the use of a book,' thought Alice 'without pictures
or conversations?'

日本語に翻訳　コピー

アリスは、おねえさんの岸辺に座るのにすごく疲れてきました。
そして何もすることがなかったこと：一度か二度、本をのぞいてみたことがある。

▲「ホーム画面」で🔍→<テキスト変換>の順にタップし、翻訳したい文字を撮影して、<日本語に翻訳>をタップすると翻訳結果が表示される。画面右下の<シェア>をタップするとトークルームに送ることもできる

Section
104

LINEで最新ニュースをチェックできる？

LINE NEWSの公式アカウントと友だちになると、LINEでチェックできて便利です。また、「ニュース」画面からは、最新のニュースをリアルタイムでチェックできます。

①LINE NEWSや「ニュース」画面を利用する

　LINE NEWS は、LINE が提供するニュースアプリ「LINE NEWS」の公式アカウントです。LINE NEWS アカウントを友だちに追加すると、朝（8時）、昼（12時）、夕（20時）の1日3回、ニュースのダイジェスト版をトークルームに配信してくれます。それぞれの記事の見出しをタップすると、ブラウザが起動して、詳しい内容を見ることができます。なお、災害時や大きなニュースがある場合は、号外も配信されます。

　画面下部のメニューの＜ニュース＞をタップして表示できる「ニュース」画面では、国内外の最新ニュースがリアルタイムで配信されています。話題のニュースをランキングで見たり、カテゴリごとに見ることもできます。ぜひ活用してみましょう。

関連サービス

▲「LINE NEWS」を友だちに追加すると、朝刊、昼刊、夕刊の1日3回、トークルームにニュースのダイジェスト版が配信される。見出しをタップすると、詳しい内容が閲覧できる

▲「ニュース」画面では、国内外の最新ニュースがリアルタイムで配信される。画面上部でカテゴリを変更できる

「LINEウォレット」って何?

LINEのお金に関するサービスは「ウォレット」画面から利用できます。「ウォレット」画面に表示されるメニューからそれぞれのサービスを利用しましょう。

① LINEウォレットを活用する

画面下部のメニューの<ウォレット>をタップして表示できる「ウォレット」画面は、「LINE Pay」や「マイカード」など、お買い物や友だちとのお金のやりとりができるLINEの各種サービスを利用するためのメニュー画面です。キャンペーン情報が掲載されているチラシやお店で使えるLINE限定のクーポンの配布もされているので、いつものお買い物がお得に楽しめます。

▲お金に関するサービスは、「ウォレット」画面から利用する

▲「ウォレット」画面を上方向にスクロールするとおすすめのチラシやクーポンが表示される

Section

106

お店で使えるお得な
クーポンをゲットしたい

「LINEクーポン」では、毎日店頭で使えるクーポンを配布しています。
また、クーポンを配信してくれる公式アカウントを友だちに追加すれば、
さまざまな店舗でお得に買い物ができます。

① クーポンを入手する

　「ウォレット」画面で<クーポン>をタップし、「今日のクーポン」の
<もっと見る>をタップすると、レストランやドラッグストア、コンビニ、
カラオケなどさまざまな店舗で利用できるクーポンが配布されています。
クーポンを利用したいときは、クーポンをタップし、<クーポンをつかう
>をタップします。

　また、公式アカウントには、買い物で使えるクーポンを配信してくれる
ものがあります。LINE 限定のものもあるので、好きなお店やブランドな
どの公式アカウントをチェックしておきましょう。「公式アカウント」画
面に一覧表示されている公式アカウントの説明に、クーポンを配信してい
ることを記載しているアカウントもあります。アカウントを友だちに追加
して、お得な情報やクーポンを入手しましょう。

関連サービス

▲「LINEクーポン」画面では、LINEアプリ
をダウンロードしているだけで利用できる
クーポンが配布されている

▲公式アカウントのクーポンは、トークルー
ムに配信される。クーポンの使い方はアカ
ウントによって異なる

「LINEマイカード」って何?

普段から利用しているポイントカードを「LINEマイカード」に登録しておくと、お会計のときに財布からポイントカードを探す手間を省くことができて便利です。

1 ポイントカードを登録する

「LINE マイカード」は、Tカードや Ponta などの普段のお買いもので利用しているポイントカードを LINE に登録できるサービスです。ほかにもスターバックスの支払いに利用できるプリペイドカードの発行や、ファッションブランドで利用できるポイントカードの登録ができます。お会計のときに画面に表示されるバーコードを読み取ってもらうだけでポイントを貯めたり利用したりできるので、よく利用するポイントカードが対応していれば登録しておきましょう。

▲「ウォレット」画面で「マイカード」の＜もっと見る＞をタップし、ポイントカードをタップして登録する

▲登録したマイカードをタップするとバーコードが表示される

151

「LINEチラシ」って何？

公式アカウントの中には、店舗ごとにアカウントを持っており、クーポンやチラシを配布してくれるものがありますが、周囲のお店の特売情報をまとめて見ることができるともっと便利です。

1 特売情報を確認する

　LINE チラシでは、お店の特売情報を商品の一覧やチラシから確認することができます。よく行く場所を「マイエリア」に設定すると、指定した場所の周囲のお店が「オススメのお店」に表示されます。お店をタップするとショップページが開き、営業時間やマップ、目玉商品を確認できます。気になった商品があれば◎をタップすることで買い物リストに保存することができるので、マイページから店名と商品をいつでもチェックすることができて便利です。また、ショップページからは 3 日後までの特売情報が確認できるので、欲しい商品があるときは事前にチェックしておきましょう。

▲「LINEチラシ」画面では、マイエリアに登録した場所の近くのお店の特売品が確認できる

▲マイページからは、買い物リストやお気に入りに登録したお店の特売情報を確認できる

「LINE Pay」「LINEポイント」「コイン」の関係って？

「ウォレット」画面からは、QRコード決済サービスの「LINE Pay」やLINE Payの支払いなどで貯めることができる「LINEポイント」の管理ができます。

1 「LINE Pay」「LINEポイント」「コイン」の関係 ✦

「ウォレット」画面を表示すると、画面上部で LINE Pay の残高や LINE ポイントの保有数が確認できます。「LINE Pay」は、QR コード決済のひとつで、お店での支払いやオンラインショッピングで利用できます。LINE Pay で支払いをすると最大 2％の「LINE ポイント」を貯めることができるサービスです（Sec.110 参照）。LINE ポイントは動画広告の閲覧やキャンペーンに参加することでも貯めることができ、LINE Pay の支払いに使ったり、コインに変換したりできます。ただし、「コイン」は、スタンプや着せかえを購入するために必要な LINE の中で使えるお金であり（Sec.070 参照）、LINE ポイントの残高に変換することはできません。

▲「ウォレット」画面でLINE Payの残高やLINEポイントの保有数がわかる

▲LINE Payの残高やLINEポイントの保有数は、「LINE Payコード」画面でも確認できる

Section

110

「LINE Pay」って何?

LINE Payは、お店での支払いやオンラインショッピングで利用できるキャッシュレス決済サービスです。友だちへの送金や割り勘に使うこともできます。

1 LINE Payを利用する

「LINE Pay」は、コンビニやスーパー、ドラッグストアなど、多種多様な店舗で利用できるスマホ決済サービスです。ほかのスマホ決済サービスと異なり、特別なアプリをインストールしなくても LINE アプリから利用でき、手軽に決済ができるため多くの人が利用しています。

1 「ウォレット」画面で<今すぐLINE Payをはじめる>をタップします。

2 <はじめる>をタップします。

3 それぞれの項目をよく読んでチェックを付け、

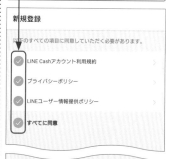

4 <新規登録>をタップします。登録が完了すると、銀行口座やコンビニのATMから金額をチャージできるようになります。

❷ LINE Payを活用する

コード決済

▲決済用のLINE Payコードを表示し、店員に読み取ってもらうか専用の端末にコードをかざして決済する

請求書支払い

請求書支払い　×

公共料金やショッピング代金などの請求書（払込票）をコードリーダーで読み取り、LINE Pay残高で代金をお支払いになれます。

コードリーダーの使い方

Step.1
この画面の下にある[次へ]をタップしてコードリーダーを開き、請求書のバーコードをスキャンします。

Step.2
スキャンした内容を確認して、問題がなければ[支払う]をタップしてお支払いください。

取扱請求書

▲LINE Payでの支払いに対応した請求書のバーコードをスマホで読み取って、LINE Payの残高から料金を支払う

送金

LINEで送金・送付
#手数料0円 #リアルタイム #LINEの友だち宛にでも

送金・送付　送金・送付依頼

口座に振込
#口座番号不要 #LINEの友だち以外にも

送金

▲LINEの友だちに送金や、送金依頼ができる。利用するには「LINE Pay」画面で<設定>→<本人確認>の順にタップし、本人確認が必要

割り勘

割り勘QRコード

ご飯代

この割り勘に参加するには、QRコードをスキャンしてください。

▲食事などのときに代表で支払った人が割り勘用のQRコードを作成し、割り勘する人全員に読み取ってもらうことでかんたんに割り勘ができる

155

Section

111

第6章　LINEの<関連サービス>でここが困った！

LINEポイントは何に使えるの？

LINEポイントは、商品と引き換えたり、LINE Payの支払いのときに利用できたりします。スタンプの購入に充てたいときは、自動で2ポイント＝1コインに変換されます。

① LINEポイントを利用する

　「LINE ポイント」は、「ウォレット」画面で< LINE ポイント>をタップして表示される「LINE ポイント」画面の「貯める」画面でキャンペーンに参加したり、LINE Pay で支払いをしたりして貯めることができます。貯めたポイントは、「LINE ポイント」画面の「使う」画面で商品チケットとの交換や、LINE Pay コード画面で◎をタップして 1 ポイント＝ 1 円として支払いに充てる使い方があります。

▲ 「LINEポイント」画面の「使う」画面でLINEポイントを商品チケットに交換できる

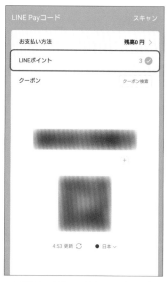

▲LINE Pay支払いに対応したお店なら商品チケットに交換しなくても直接LINEポイントを支払いに充てられる

関連サービス

156

プロフィールと「LINE Profile+」は別物？

友だちとコミュニケーションするためのプロフィールと「LINE Profile+」は異なる役割を持っています。「LINE Profile+」に登録した内容は一般のLINEユーザーに公開されることはありません。

① LINE Profile+を設定する

LINE のプロフィールでは、LINE アカウントで使用する名前やステータスメッセージ、電話番号などを登録します。これらは友だちとコミュニケーションするために必要な情報でしたが、「LINE Profile+」では、提携サービスでのログインをかんたんにするために必要な本名や住所の登録をします。LINE ポイントを商品チケットに交換する際にも登録が必要です。

---

1 「ホーム」画面で⚙→<プロフィール>→<LINE Profile+ >の順にタップします。

2 <はじめる>をタップします。

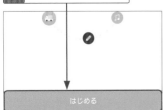

プロフィールですでに登録済みの情報は埋められた状態で表示されます。

3 氏名や性別、住所などを設定し、

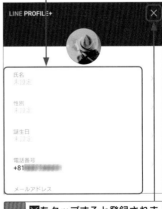

4 ⊠をタップすると登録されます。

157

トークルームや プロフィールのBGMって何?

トークルームやプロフィールでは、「LINE MUSIC」アプリで配信している楽曲をBGMに設定することができます。好きな曲を設定しておけば、友だちにとのトークが盛り上がるかもしれません。

① お気に入りの曲をBGMにする

トークルームやプロフィールに BGM を設定するためには、「LINE MUSIC」アプリのインストールが必要です。LINE MUSIC は、LINE アカウントでログインができる LINE の音楽アプリです。LINE MUSIC には有料プランもありますが、BGM の設定は無料プランでも設定できます。

ここでは、プロフィールにBGMを設定します。

1 「ホーム」画面で🔧→<プロフィール>→<BGM>の順にタップし、

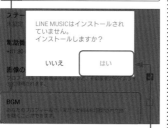

2 「LINE MUSIC」アプリをインストールしていない場合は<はい>（iPhoneでは<OK>）をタップしてインストールします。

「LINE MUSIC」アプリを起動し、<LINEログイン>→<同意する>の順にタップしてログインします。

---

3 手順**1**の画面で<曲を選んでください>（iPhoneでは<BGM>）→BGMに設定したい曲の順にタップします。

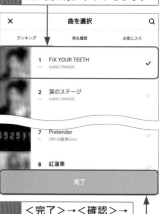

×	曲を選択	Q
ランキング	再生履歴	お気に入り

1 FiX YOUR TEETH　GANG PARADE ✓

2 涙のステージ　GANG PARADE

7 Pretender　Official髭男dism

8 紅蓮華

完了

4 <完了>→<確認>→<通常のBGMに設定>→<はい>の順にタップタップすると、LINEのプロフィールにBGMが設定されます。

第7章

LINEの
＜プライバシー・
セキュリティ＞で
ここが困った！

LINE IDで
検索されたくない！

LINE IDは便利ですが、知らない相手や、望まない相手からLINE IDで検索されてしまう可能性もあります。自分が検索されないようにすることができるので、プライバシーが気になる場合は設定しましょう。

1 「IDによる友だち追加を許可」を無効にする

　LINE の ID 検索（Sec.020 参照）は、かんたんに友だちとつながることができる便利な機能ですが、本当の友だちではない人から検索されて、一方的に友だちに登録されてしまう危険性もあります。LINE ID は一度登録すると変更することができないため、慎重に守っておきたい情報です。自分の ID を自由に検索されることを防ぎたい場合は、「プライバシー管理」画面や「プロフィール」画面で、「ID による友だち追加を許可」を無効にしておきましょう。自分の LINE ID が検索されても、該当しないようになります。

　なお、「ID による友だち追加を許可」を無効にしても、自分が ID 検索を利用することは可能です。

＜ プライバシー管理

パスコードロック
パスコードを忘れた場合は、LINEのアプリを削除して再インストールして下さい。
その場合過去のトーク履歴はすべて削除されますのでご注意ください。 ☐

IDによる友だち追加を許可
他のユーザーがあなたのIDを検索して友だち追加することができます。 ☐

メッセージ受信拒否
友だち以外からのメッセージの受信を拒否します。 ☐

Letter Sealing
メッセージは高度な暗号化によって保護されます。Letter Sealingは友だちがその機能を有効にしている場合に限りトークで利用できます。 ☑

QRコードを更新

アプリからの情報アクセス
あなたを友だちに追加している人が、外部アプリに自身の友だち情報

▲ 「ホーム」画面で ⚙ →＜プライバシー管理＞の順にタップし、＜IDによる友だち追加を許可＞をタップして、無効にする

プロフィール・背景画像を変更すると、その変更がタイムラインに投稿されます。 ☑

BGM
曲を選んでください
あなたのプロフィールで、友だちがBGMに設定された曲を聴くことができます。 ☑

BGMの変更を投稿
BGMを変更すると、その変更がタイムラインに投稿されます。 ☑

ID
katsumataharuka01

IDによる友だち追加を許可
他のユーザーがあなたのIDを検索して友だち追加することができます。 ☐

QRコード

誕生日
未設定

LINE Profile+

▲ 「設定」画面で＜プロフィール＞をタップすると表示される「プロフィール」画面からも設定を無効にすることができる

Section

115

LINEにパスコードを設定したい

端末を紛失した際などに、他人にLINEのトーク内容などを覗かれてしまう可能性もあります。あらかじめパスコードを設定しておけば、LINEの起動時に入力を求められるので安心です。

1 パスコードを設定する

　LINE のトーク内容などを他人に覗かれてしまうのを避けるには、4 桁のパスコードを設定しておきましょう。パスコードを入力しなければ、LINE を起動できなくなります。

　ただし、パスコードを忘れてしまうと、LINE を起動することができなくなります。LINE をアンインストールして、再度インストールしなければ使用できません。再インストール後、LINE の初期画面で＜ログイン＞をタップしてログインを進めると、同じアカウントを再開することはできますが、トーク履歴はすべて削除されてしまいます。

　なお、Android スマートフォンでパスコードを設定すると、自動的に「メッセージ通知の内容表示」（Sec.123 参照）が無効に設定されますが、再設定して有効にすることもできます。

▲「ホーム」画面で ⚙ →＜プライバシー管理＞の順にタップし、＜パスコードロック＞をタップする

▲4桁のパスコードを2回入力すると、パスコードが設定される。パスコードを忘れるとLINEが起動できなくなるので要注意

パスワードは変更できるの？

パスワードは初期認証で設定しますが、同じパスワードを使い続けることは、セキュリティ上おすすめできません。LINEではパスワードを変更することができるので、ときどき変更するとよいでしょう。

1 「設定」でパスワードは変更できる

初期認証で設定したパスワードはあとからでも変更できます。同じパスワードを使い続けていると、何らかの手段でパスワードを入手した相手によって、アカウントが乗っ取られてしまう危険も高まります。自分のアカウントを守るために、パスワードはときどき変更するようにしましょう。

なお、現在のパスワードを確認することはできません。万一パスワードを忘れてしまった場合は、「アカウント」画面で＜パスワード＞をタップし、パスワードを変更しましょう。

▲「ホーム」画面で＜設定＞→＜アカウント＞→＜パスワード＞の順にタップする

▲新しいパスワードを2回入力し、＜変更＞（iPhoneでは＜OK＞）タップする

電話番号を変更したい

スマートフォンの電話番号が変わった場合は、LINEに登録している電話番号を変更しましょう。なお、電話番号の変更によってアカウント情報が削除されたりトーク履歴が削除されたりすることはありません。

1 電話番号を変更する

　スマートフォンを買い替えるときや機種変更をする際に、電話番号を変更したいという人もいるでしょう。LINE は基本的に電話番号でアカウントを登録するため、同じアカウントを引き続き利用したい場合は、LINE 上に登録されている電話番号を変更する必要があります。電話番号の変更は、アカウントの引き継ぎ作業（Sec.130 参照）の前に済ませておきましょう。

　電話番号の変更は、「アカウント」画面から行います。「ホーム」画面で🔧→<アカウント>の順にタップし、「電話番号」の<変更>をタップします。<電話番号の変更>をタップし、新しい電話番号を入力して、<次へ>→<確認>→< OK >の順にタップします。SMS で届いた認証番号を入力し、<次へ>をタップすると、変更が完了します。

登録済みの電話番号：

+81 80-0000-0000

LINEに登録されている電話番号を変更します。
続行する場合は[電話番号の変更]をタップしてください。

電話番号の変更

▲「ホーム」画面で🔧をタップし、<アカウント>→<変更>→<電話番号の変更>の順にタップする

1268

08000000000
SMSで届いた認証番号を入力してください。
SMSが届かない場合は、以下の方法を試してください。
認証番号を再送 通話による認証

次へ

▲新しい電話番号を入力し、<次へ>→<確認>の順にタップする。SMSで届いた認証番号を入力し、<次へ>をタップして変更を完了させる

自分のQRコードが
流出してしまった！

自分のQRコードが何らかの理由で流出し、掲示板などに掲載されて
しまうと、見ず知らずの相手から友だち追加されてしまうことがありま
す。そのような場合は、すぐにQRコードを更新しましょう。

① QRコードを更新する

　LINE ユーザー固有の QR コード（Sec.018 参照）は、読み取ってもら
うことで、近くの相手に友だちに追加してもらえるだけでなく、メールで
QR コードを送信することで、遠くの相手にも友だちに追加してもらえる
便利な機能ですが、メールの誤送信などで QR コードが外部に流出しない
とも限りません。QR コードの情報が流出し、悪意のある相手によって掲
示板などに掲載されてしまうと、勝手に友だち追加されてしまうというこ
とも起こり得ます。そのような場合は、ただちに QR コードを更新しましょ
う。QR コードを更新すると、以前の QR コードは使えなくなります。

　QR コードを更新したにも関わらず、知らない人からの友だち追加が続
くなどする場合は、LINE ID が流出している可能性も考えられます。
Sec.114 を参照して、LINE ID で検索されないように対処しましょう。

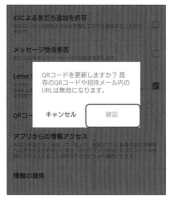

▲「ホーム」画面で⚙→＜プライバシー管
理＞の順にタップし、＜QRコードを更新＞
をタップする

▲＜確認＞（iPhoneでは＜更新＞）をタッ
プすると、QRコードが更新され、以前の
QRコードが無効になる

ブロックしたはずの人から連絡がきた！

友だちをブロックしたとしても、完全に連絡が取れなくなるわけではありません。グループや複数人のトークルームに相手がいる場合などは、メッセージをやりとりできてしまうので注意しましょう。

1 ブロックしても連絡が取れる場合がある

　友だちをブロック（Sec.028参照）すると、こちらがブロックを解除しない限り、基本的にはその相手と連絡を取ることはできなくなります。しかし、ブロックした状態であっても、まったく連絡手段がないわけではありません。

　まず、複数人のトークルームにブロックした相手がいる場合、そのトークルーム内では相手と連絡を取ることができます。複数人のトークルーム内でも交流したくなければ、そのトークルームから退出する（Sec.066参照）ことで、つながりを絶ちましょう。第2に、自分が参加しているグループに相手がいる場合、グループのトークルームやノートなどで連絡を取ることができます。グループ内での相手とのつながりを絶ちたければ、グループから退会しましょう。第3に、相手が自分をグループに招待してきた場合、その通知を介して連絡を取ることができます。この際グループ名にメッセージを入力されると、そのメッセージを読まざるを得なくなります。グループの招待機能を使った接触も絶ちたい場合は、アカウントを削除する（Sec.127参照）しかありません。

▲複数人のトークルームにブロックした相手がいると、メッセージをやりとりできてしまう。Sec.066を参照し、トークルームから退出して対処する

▲グループにブロックした相手がいる場合も、連絡を取ることができてしまう。Sec.095を参照し、グループから退会して対処する

120

トークの履歴を削除したい

トークの履歴を削除するには、トークルーム内のトーク履歴を削除する、すべてのトークルーム内のトーク履歴を削除する、トークルーム自体を削除する、という3つの方法があります。

1 特定のトークルームの履歴を削除する

LINE を長く使っていると、トークルームの履歴も膨大な量になるものです。トークの履歴が多くなると、データ処理の負担も増大することになるので、LINE の動作が遅くなったり、不安定になったりしてしまいかねません。また、トーク履歴は個人情報を多く含んでいます。不要なトーク履歴はときどき削除して、トークルームを整理するようにしましょう。

なお、トーク履歴を削除しても、自分側の LINE 上のトーク履歴が削除されるのみで、トークしている相手の LINE 上では、トーク履歴は残ります。相手に、トーク履歴を削除したことも通知はされません。

ここでは、特定のトークルーム内の履歴を削除する方法を紹介します。なお、トークルーム自体は削除されません。

▲履歴を削除したいトークルームで◿→<設定>（iPhoneでは☰→⚙）の順にタップする

▲<履歴削除>→<はい>（iPhoneでは<トーク履歴をすべて削除>→<削除する>）の順にタップすると、トークルーム内の履歴が削除される

② すべてのトークの履歴を削除する

履歴を残したいトークルームがとくにない場合は、「設定」からすべてのトークルーム内の履歴をまとめて削除してしまいましょう。この場合も、トークルーム自体は削除されずに残ります。

▲ Androidスマートフォンでは「ホーム」画面で 🔧 をタップし、＜トーク＞→＜すべてのトーク履歴を削除＞→＜削除＞の順にタップすると、すべてのトークルーム内の履歴が削除される

▲ iPhoneでは「ホーム」画面で 🔧 をタップし、＜トーク＞→＜データの削除＞→＜すべてのトーク履歴＞→＜OK＞の順にタップすると、すべてのトークルーム内の履歴が削除される

③ トークルーム自体を削除する

トークルーム内の履歴だけでなく、トークルーム自体を削除することもできます。トークルームを削除しても、トーク相手のトークルームが削除されたり、削除したことが相手に通知されたりすることはありません。

▲ 「トーク」画面で 🔧 をタップし、＜トーク編集＞（iPhoneでは＜編集＞）をタップする

▲ 削除したいトークルームをタップしてチェックをオンにし、＜削除＞→＜削除＞の順にタップすると、トークルーム自体が削除される

Section
121

友だちが本当に知っている人か どうか確かめたい

LINEのアカウントの名前や顔写真が実際の友だちのものであるから といって、必ずしも本人であるとは断言できません。発言などに不自 然な部分が感じられた場合は、本人であるかを確認しましょう。

1 友だちが本人かどうかを確認する

LINE には、他人による不正ログインがされないように、パスワードや ログイン許可（P.175 参照）などによる強力なセキュリティが施されてい ます。しかしそれでも、アカウントが乗っ取られてしまうというケースが 報告されています。また、他人の名前や顔写真を使って、他人のアカウン トになりすましている人もいないとは断言できません。LINE の友だちの アカウントに、実際の友だちの名前や顔写真と同じものが使われているか らといって、本当に知っている相手であるとは限らないのです。

友だちの発言や挙動に不審な点がある場合は、電話や面会などといった LINE 以外の手段で、本当に本人であるかどうかを確認するようにしましょ う。もし、悪意のあるまったくの別人であったと判明した場合は、運営に 通報したうえで、ただちに相手のアカウントをブロック（Sec.028 参照） しましょう。

▲乗っ取り詐欺などのケースも想定されるの で、実際の友だちのアカウントであっても、 不審な挙動があった場合は、電話や面会で 本人かどうか再確認する

▲トークルームで⌄→＜設定＞（iPhoneで は☰→⚙）→＜通報＞の順にタップし、通 報理由をタップして＜同意して送信＞をタッ プすれば、運営に通報できる

友だち以外からメッセージを受け取りたくない！

友だちに追加していない相手からメッセージが届くこともあります。自分の友だちとのみメッセージをやりとりしたい場合は、友だち以外の相手からのメッセージを受信しないように設定しましょう。

1 「メッセージ受信拒否」を有効にする

LINE では、一方がもう一方を友だちに追加してさえいれば、メッセージを送受信することができます。このしくみを悪用して、スパムや出会い目的などの悪質なメッセージが一方的に送られてくることもあります。自分の友だち以外の相手からメッセージを受け取りたくない場合は、「メッセージ受信拒否」を有効にしておきましょう。友だち以外の相手からのメッセージを受信しなくなります。

ただし、メッセージを送信した相手には、こちらが「メッセージ受信拒否」を有効にしていることがわからない点に注意しましょう。「メッセージ受信拒否」を有効にしたあと、しばらくして無効に再設定したとしても、その間に送られてきたメッセージを受信することはできません。

＜ 設定	
個人情報	
👤	プロフィール
📇	アカウント
🔒	**プライバシー管理**
🛡	アカウント引き継ぎ
🔶	年齢確認
🔖	Keep
ショップ	
😊	スタンプ

＜ プライバシー管理
パスコードロック   パスコードを忘れた場合は、LINEのアプリを削除して再インストールして下さい。 その場合過去のトーク履歴はすべて削除されますのでご注意下さい。 ☐
IDによる友だち追加を許可   他のユーザーがあなたのIDを検索して友だち追加することができます。 ☐
メッセージ受信拒否   友だち以外からのメッセージの受信を拒否します。 ✓
Letter Sealing   メッセージは高度な暗号化によって保護されます。Letter Sealingは友だちもがその機能を有効にしている場合に限りトークで利用できます。 ✓
QRコードを更新
アプリからの情報アクセス   あなたを友だちに追加している人が、外部アプリに自身の友だち情報

▲「ホーム」画面で⚙をタップし、＜プライバシー管理＞をタップする

▲＜メッセージ受信拒否＞をタップして有効にすると、自分の友だち以外の相手からのメッセージを受信しなくなる

169

Section

123

メッセージの内容が通知に表示されないようにしたい

ふとした拍子に画面に通知メッセージが表示されると、周囲の人に内容が見えてしまうことがあります。ほかの人に見られたくない場合は、通知の内容を非表示に設定しましょう。

1 通知の内容表示を無効にする

　スマートフォンをテーブルに置いたまま席を外している場合などに、LINEのメッセージを受信すると、近くにいる人にポップアップ通知に表示されるメッセージが見えてしまうことがあります。このような事態を回避するには、「通知」画面で「メッセージ通知の内容表示」を無効にしておきましょう。無効にしておくと、通知自体は表示されますが、通知にメッセージの内容が表示されません。また、メッセージの送り主の名前とアイコンも表示されません。ただし、同時に通知から直接返信する機能（Sec.064参照）も使えなくなるので、状況に合わせて設定を切り替えるのがよいでしょう。

1 「ホーム」画面で⚙️をタップします。

2 <通知>をタップして、

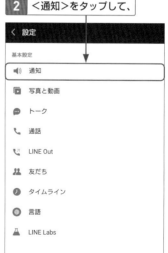

<table>
<tr><td>3</td><td>＜メッセージ通知の内容表示＞をタップして無効にします。</td></tr>
</table>

<table>
<tr><td>4</td><td>メッセージを受信にすると、ポップアップ通知には「新着メッセージがあります。」とだけ表示されます。</td></tr>
</table>

<table>
<tr><td>5</td><td>Androidスマートフォンの場合は、通知を長押しし、ⓘをタップします。</td></tr>
</table>

<table>
<tr><td>6</td><td>「アプリ情報」画面で＜通知＞をタップすると、通知の簡易設定ができます。</td></tr>
</table>

Hint ポップアップ表示以外の設定でも内容は表示される

手順6の「メッセージ通知」の「動作」で「音と通知のポップアップ表示」が選択されていない場合でも、「メッセージ通知の内容表示」が有効になっていれば、通知の内容が表示されてしまうので、注意が必要です。

LINEの通知を
オフにしたい

LINEの通知は、いつでもどこでも表示されるため、便利である半面、場合によっては厄介なものにもなりかねません。ほかの操作の支障をきたすようなときは、通知自体を無効に設定するようにしましょう。

1 通知を無効にする

　LINE でのやりとりが頻繁であればあるほど、通知の頻度も高くなります。四六時中通知されて困るといったようなときには、通知機能自体をオフに設定しましょう。

　「ホーム」画面で🔧→<通知>の順にタップし、<通知>をタップしてチェックをオフにすると、通知を無効にできます。iPhone では、「ホーム」画面で🔧→<通知>の順にタップし、<通知>の◯をタップすると無効にできます。また、通知機能自体は有効にして、サウンドやバイブレーションだけをオフにすることも可能です。なお、投稿が多い特定のトークルームの通知だけを無効にしたい場合は、Sec.065 の方法でトークルームごとの通知をオフにするとよいでしょう。

〈 通知	
通知	☐
通知設定 オン	
通知を受信するには、[通知]と[通知設定]をオンにしてください。	
LINE通知音を端末から削除 LINE通知音を端末の通知音から削除します。	
連動	
連動アプリ 連動アプリの通知を設定できます。	
連動していないアプリ この設定をオフにすると、連動していないアプリからのメッセージを受信しません。	☑

▲「ホーム」画面で🔧→<通知>の順にタップし、<通知>をタップしてチェックをオフにすると、通知が無効になる

〈 通知 ✕	
通知	◯
アプリを強制終了すると、通知が遅れたり、受信できない場合があります。	
アプリ内通知	◯
アプリ内サウンド	◯
アプリ内バイブレーション	◯
LINEアプリを実行中の通知、サウンド、バイブレーションのオン/オフを設定できます。	
連動アプリ	>
連動していないアプリ	◯

▲iPhoneでは、「ホーム」画面で🔧→<通知>の順にタップし、<通知>の◯をタップして無効にする

Section

125

LINEのアップデートは しないとダメ？

LINEでは頻繁にアップデートがあります。サービス内容の拡充などの場合もありますが、セキュリティに関するアップデートもよくあるので、できるだけ早く最新のものにアップデートしておきましょう。

1 セキュリティのためにもアップデートする

　LINE では、機能の拡充や、新しいサービスの追加などのためのアップデートが頻繁にあります。それらの中には、バグやセキュリティの修正が含まれることも少なくありません。たとえば、トーク内容や友だち一覧などのデータが取得・改ざんされる恐れがあるという LINE の脆弱性を修正するためのアップデートなども過去に行われています。LINE を最新バージョンにアップデートしておくことは、セキュリティのためにも重要です。

　LINE の最新バージョンが登場すると、通知設定によっては端末のステータスバーに通知されます。

　なお、LINE が最新バージョンであるかどうかは、「Play ストア」の「マイアプリ&ゲーム」画面で確認できます。「アップデート」に LINE が表示されていたら、タップして更新します。iPhone の場合は、「App Store」の「アカウント」画面で確認できます。「利用可能なアップデート」に LINE が表示されていたら、＜アップデート＞をタップして更新します。

▲Androidスマートフォンのホーム画面で＜Playストア＞をタップし、≡→＜マイアプリ&ゲーム＞の順にタップし、「アップデート」にLINEが表示されていたらタップする

▲＜更新＞をタップするとアップデートが開始される

Section

126

アカウントが乗っ取られた！

LINEでは、他人によってアカウントが乗っ取られる事件が発生しています。乗っ取られてしまうとアカウントを失ってしまうこともあるので、乗っ取られないために対策しておくことが重要です。

1 アカウントが乗っ取られたときは

何もしていないにも関わらず、突然 LINE からログアウトしてしまった場合は、他人によってアカウントに不正ログインされた可能性があります。まずは LINE の初期画面で＜ログイン＞をタップし、登録しておいたメールアドレスとパスワードを使ってログインを試みましょう。ログインできた場合は、Sec.116 を参照して、ただちにパスワードを変更してください。もしログインできない場合は、乗っ取り犯によってパスワードが変更されてしまっている可能性が高いです。ブラウザで LINE 公式サイトの問題報告フォーム（https://contact.line.me/detailId/10557）にアクセスし、「サービス」で＜ LINE ＞、「カテゴリ」で＜アカウント・登録情報＞、「詳細」で＜自分のアカウントが盗まれた＞を選択して問い合わせをしましょう。犯人が悪用できないように、アカウントを削除してもらえます。

友だちのアカウントが乗っ取られ、友だちになりすまされる場合もあります。友だちのアカウントが乗っ取られた場合、トークルームでプリペイドカードなどの購入を要求してくる例が報告されています。少しでもおかしいと感じたら、電話など LINE 以外の手段で友だちと連絡を取り、本人かどうかしっかりと確認するようにしましょう。

プライバシー・セキュリティ

▲LINEにログインできなくなってしまった場合は、LINE公式サイトの問題報告フォームで自分のアカウントが盗まれたことを報告する

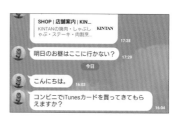

▲アカウントが乗っ取られ、詐欺に悪用される場合もある。友だちがプリペイドカードなどの購入を要求してきたら、LINE以外の手段で本人に確認する

2 パソコンからログインされた場合

　乗っ取り犯は、パソコン版 LINE などからログインしてくる場合もあります。パソコン版 LINE からアカウントにログインすると、LINE からメッセージが届きます。心当たりがない場合は乗っ取り犯による不正ログインの可能性が高いので、メッセージのリンクから相手をログアウトさせ、早急にパスワードを変更しましょう。

▲ パソコンなどからログインすると、LINE からメッセージが届く。心当たりがない場合は、メッセージ内のリンクをタップする

▲ <ログアウト>をタップすると、相手をログアウトさせられる。再度ログインされないように、ただちにパスワードを変更する

3 乗っ取られないための対処法

　こうした乗っ取りは、ログインに必要な ID とパスワードなどの個人情報が、何らかの方法で悪意のある相手に渡ったために発生すると考えられます。LINE 自体から ID とパスワードが流出したわけではないとしても、同じ ID とパスワードを登録してあるほかの Web サービスで情報が流出してしまうこともあります。そのため、LINE と同じ ID やパスワードをほかの Web サービスで使い回すことは極力避け、パスワードをときどき変更するようにしましょう（Sec.116 参照）。

　なお、パソコン版 LINE などからのログインを無効にすることもできます。ふだん使っている端末以外からはログインしないのであれば、「ログイン許可」を無効にしておきましょう。

▲ パソコン版LINEなどからのログインを無効にするには、「ホーム」画面で⚙をタップし、<アカウント>をタップする

▲ <ログイン許可>をタップして無効にする

Section

127

LINEのアカウントを削除したい

スマートフォンなどからLINEアプリをアンインストールしただけでは、アカウントは削除されず、LINE上にアカウント情報が残ります。ここでは、LINEのアカウントを削除する方法を紹介します。

1 アカウントを削除する

　スマートフォンなどの端末から LINE アプリをアンインストールするだけでは、LINE 上にアカウント情報が残り続けます。つまり、友だちからはこれまでどおりあなたのアカウントが見えている状態になっています。LINE 上にアカウント情報を残したくない場合は、アンインストール前に、アカウントを削除しておきましょう。ただし、アカウントを削除したあとで、アカウントを復元することはできません。アカウントを削除する際は、よく考えてから実行しましょう。

　なお、機種変更などの際に、アカウントの引き継ぎがうまくできなかったりすると、新旧 2 つのアカウントができてしまうことがあります。この場合、事前にメールアドレスを登録していれば、削除したいアカウントにメールアドレスを使用してログインすることで、アカウントの削除が可能になります。メールアドレスや電話番号を登録していない場合は、アカウントの削除が不可能になります。そのような場合は、友だちに事情を話すなどして、使わないほうのアカウントをブロックしてもらうとよいでしょう。

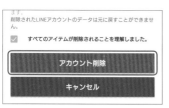

削除されたLINEアカウントのデータは元に戻すことができません。

☑ すべてのアイテムが削除されることを理解しました。

アカウント削除

キャンセル

▲「ホーム」画面で 🔧 →＜アカウント＞→＜アカウント削除＞の順にタップし、保有アイテムや連動アプリの削除を確認したうえでチェックを入れて、＜アカウント削除＞（iPhoneでは＜アカウントを削除＞）をタップすると、アカウントが削除される

Memo　アカウントの削除に伴って削除される情報

・購入済みの有料スタンプ

・LINEに登録した情報（電話番号、メールアドレスなど）

・友だち、グループ

・トークの履歴

・連動アプリの情報

LINEの
＜引き継ぎ＞で
ここが困った！

Section

128

機種変更でどんなLINEの データが引き継がれるの?

LINEのデータは、同じOS間であればほとんどのデータを問題なく引き継ぐことができます。引き継ぎが不安なときは、「LINEかんたんヘルプ」アカウントなどを活用しましょう。

1 機種変更でほとんどのデータを引き継げる

LINE は、1 つの電話番号につき 1 つのアカウントしか作成できません。そのため、機種変更後の端末で新しく LINE を登録してしまうと、自動的に以前の端末で使用していたアカウント情報は消えてしまいます。新しい端末でも既存の LINE アカウントを使用したい場合は、引き継ぎ操作を行う必要があります。LINE のデータは、事前の準備をしっかり行っておくことで問題なく引き継ぐことができます。ただし、通知音の設定やトークルームごとの通知設定など、一部の細かい設定は引き継ぎ不可となっています。

なお、Android スマートフォンから Android スマートフォンまたは iPhone から iPhone といった同じ OS 間ではほとんどのデータを引き継ぐことが可能ですが、Android スマートフォンから iPhone または iPhone から Android スマートフォンといった異なる OS 間の機種変更では、トーク履歴などを引き継ぐことができません。引き継げるものと引き継げないものは、P.179 を参照してください。

Memo データの引き継ぎが可能かを調べる

公式アカウントである「LINEかんたんヘルプ」アカウントを友だちに追加し、メニューの＜引き継ぎができるかどうかチェックする＞をタップすると、状況に応じた項目をタップして質問に回答するだけで引き継ぎの確認ができます。Sec.130の引き継ぎ作業でつまずいてしまったときには、一度チェックしてみましょう。

引き継ぎ

178

② 同じOS間（Android→Androidなど）の場合 ✦

引き継げるもの

・友だちリスト
・グループ
・自分のプロフィール情報
　（LINE ID やアイコン）
・ステータスメッセージ
・アルバムとノートの情報
・タイムラインの投稿
・Keep に保存中のデータ
・LINE 連動アプリ／
　サービスの情報
・購入済みの LINE コイン残高
・LINE Pay や LINE ポイント残高
・LINE Out のチャージ済みコール
　クレジット
・トーク履歴
　（別途バックアップが必要）

引き継げないもの

・通知音の設定
・トークルームごとの通知設定

③ 異なるOS間（Android→iPhoneなど）の場合 ✦

引き継げるもの

・友だちリスト
・グループ
・自分のプロフィール情報
　（LINE ID やアイコン）
・ステータスメッセージ
・アルバムとノートの情報
・タイムラインの投稿
・Keep に保存中のデータ
・LINE Pay や LINE ポイント残高

引き継げないもの

・トーク履歴
・購入済みの LINE コイン残高
・LINE Out のチャージ済みコール
　クレジット
・LINE 連動アプリ／
　サービスの情報
・通知音の設定
・トークルームごとの通知設定

Section

129

機種変更前に
設定しておくものは？

機種変更を行う前に、電話番号またはFacebookアカウントの登録、メールアドレスの登録、パスワードの登録、トーク履歴のバックアップをしておくと、問題なくアカウントの引き継ぎができます。

1 機種変更前に設定しておくもの

　機種変更などで LINE のアカウントを別の端末に引き継ぐには、事前準備が重要になります。この準備を怠ると、アカウントやデータの引き継ぎを失敗してしまうことがあるので注意しましょう。

　アカウントの引き継ぎを行う前には、まずは機種変更前の端末の LINE で、電話番号、パスワード、メールアドレスを登録しておくことが必須です。Facebook を連携している場合は、Facebook アカウントが現在も利用できるものなのかもチェックしておきましょう。トーク履歴も新しい端末に引き継ぎたい場合は、Sec.053 を参考にトーク履歴をバックアップしておきます。

　また、機種変更によって電話番号が変わる場合は、以前使用していた電話番号またはメールアドレスが必要になるため、必ずメモしておきましょう。

◀「アカウント」画面で電話番号（またはFacebookアカウント）、メールアドレス、パスワードが登録されているかを確認する。トーク履歴を引き継ぐ場合はトーク履歴のバックアップも必要

引き継ぎ

電話番号

```
                                          ?

日本 (Japan) ▼

電話番号

電話番号を登録するためには、電話番号の認証
が必要です。LINEの利用規約およびプライバ
シーポリシーにご同意の上、"次へ"のボタンを押
してください。
```

▲電話番号がある場合は「アカウント」画面で電話番号を登録しておく。または連携しているFacebookアカウントが最新か確認する

メールアドレス

```
<  登録

メールアドレスを入力

パスワード (6~20文字)

もう一度入力

端末や電話番号を変更しても友だち、グルー
プ、プロフィール情報など既存のアカウント情
報を読み込むことができます。
```

▲メールアドレスが未登録なら「アカウント」画面でメールアドレスを登録しておく。登録済みのメールアドレスが最新ではない場合は、Sec.007を参考にメールアドレスを変更する

パスワード

```
<  パスワード登録

パスワード (6~20文字)

もう一度入力
```

▲アカウントの引き継ぎにはパスワードが必須になる。登録したパスワードがわからなくなってしまった場合は、Sec.116を参考にパスワードを変更する

トーク履歴のバックアップ

```
<  トーク履歴をバックアップ&復元

前回のバックアップ

日付 : 2020/02/12 12:34
容量合計 : 229 KB

Google ドライブ

Google ドライブにバックアップする
バックアップしておくと、トーク履歴はGoogle ドライブに保存されま
す。
スマートフォンをなくしたり新しく買い換えても、バックアップした
トーク履歴を復元することが出来ます。

Google アカウント
katsumataharuka01@gmail.com

復元

復元する
```

▲Sec.053を参考にトーク履歴のバックアップを行う。バックアップは自動では行われないため、機種変更直前に最新のバックアップを取っておくとよい

Section

130

引き継ぎの流れを
教えて!

機種変更前の準備が完了したら、実際に引き継ぎを行いましょう。ここでは、同じOS間（Android→Android、iPhone→iPhone）と、電話番号が変わる場合の引き継ぎの流れを解説します。

① Androidスマートフォンで引き継ぎをする

これまで使用していた端末の LINE で、電話番号の登録または Facebook アカウントの連携、メールアドレスの登録、パスワードの登録、トーク履歴のバックアップが完了したら、機種変更後の端末の LINE への引き継ぎを行いましょう。

引き継ぎをする際、これまで使用していた端末の LINE では、「アカウント引き継ぎ設定」の ○─ をタップして ─● （iPhone では ○ をタップして ●）にしておきます。36 時間が経過すると自動的にオフになってしまうため、引き継ぎ設定をオンにしたあとはできるだけ早く引き継ぎを行いましょう。

1 機種変更前の端末のLINEの「ホーム」画面で⚙をタップし、＜アカウント引き継ぎ＞をタップします。

< 設定

個人情報

👤 プロフィール

🪪 アカウント

🔒 プライバシー管理

✅ アカウント引き継ぎ

🔔 年齢確認

📌 Keep

ショップ

2 「アカウントを引き継ぐ」の ○─ をタップし、

アカウント引き継ぎ設定

アカウントを引き継ぐ ○─

引き継ぎしない場合は絶対に設定をオンにしないでください
この設定をオンにすると、他のスマートフォンにアカウントを引き継ぐことができるようになります。
オンにしてから一定時間が経過するか、引き継ぎが正常に完了すると、設定が自動的にオフになります。

引き継ぎ

3 <OK>をタップします。

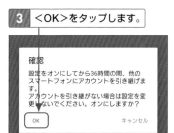

確認

設定をオンにしてから36時間の間、他の
スマートフォンにアカウントを引き継ぎま
す。
アカウントを引き継がない場合は設定を変
更しないでください。オンにしますか？

OK　　　　　　　　　キャンセル

4 機種変更後の端末のLINEで <はじめる>をタップし、電話番号を入力して、

<

この端末の電話番号を
入力

LINEの利用規約とプライバシーポリシーに
同意のうえ、電話番号を入力して矢印ボタ
ンをタップしてください。

日本 (Japan) ▾

08000000000

■ Facebookログイン

→

5 ●→<OK>の順にタップします。

6 手順4で入力した電話番号に SMSが届くので、記載されている認証番号を入力します。

<

認証番号を入力

08000000000にSMSで認証番号を送信しま
した。

‐　‐　‐　‐　‐　‐

7 アカウントの名前が表示されます。自分のアカウントで間違いがなければ、<はい、私のアカウントです>をタップします。

おかえりなさい、勝又
晴香！

08000000000が登録されたアカウントが見
つかりました。
あなたのアカウントですか？

はい、私のアカウントです

いいえ、違います

8 LINEのパスワードを入力し、

勝又 晴香

パスワードを入力

●●●●●●●●

パスワードを忘れた場合

→

9 ●をタップして、

10 <OK>をタップします。

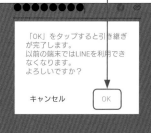

●●●●●●●●

「OK」をタップすると引き継ぎ
が完了します。
以前の端末ではLINEを利用でき
なくなります。
よろしいですか？

キャンセル　　　　　OK

第8章 LINEの<引き継ぎ>でここが困った！

11 「友だち追加設定」画面で任意の項目をタップし、

友だち追加設定

以下の設定をオンにすると、LINEは友だち追加のためにあなたの電話番号や端末の連絡先を利用します。
詳細を確認するには各設定をタップしてください。

 友だち自動追加

友だちへの追加を許可

12 ●をタップします。

13 事前に端末にGoogleアカウントを追加しておき、<Googleアカウントを選択>をタップして、

トーク履歴を復元

前回のバックアップ：-
容量合計：-
Google ドライブにバックアップしたトーク履歴を復元できます。
トーク履歴の復元には時間がかかる場合があります。

復元するデータが含まれるGoogle アカウントを選択してください。

Google アカウントを選択 ✓

14 <許可>をタップします。

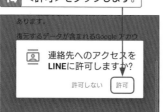

あります。
復元するデータが含まれるGoogle アカウ

連絡先へのアクセスを
LINEに許可しますか？

許可しない　許可

15 トーク履歴をバックアップしたGoogleアカウントをタップし、

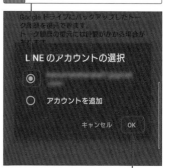

Google ドライブにバックアップしたトーク履歴を復元できます。
トーク履歴の復元には時間がかかる場合があります

LINE のアカウントの選択

◉

○ アカウントを追加

キャンセル　OK

16 <OK>をタップします。

17 <トーク履歴を復元>をタップし、復元が完了したら<確認>をタップします。

前回のバックアップ：2020/02/12 12:34
容量合計：229 KB
Google ドライブにバックアップしたトーク履歴を復元できます。
トーク履歴の復元には時間がかかる場合があります。

復元するデータが含まれるGoogle アカウントを選択してください。

katsumataharuka01@gmail.com ✓

トーク履歴を復元

18 引き継ぎが完了します。

ホーム　　　　　　　　 ☌ ⚙

🔍 検索

勝又 晴香
Keep ›

❷iPhoneで引き継ぎをする

| 1 | 機種変更前の端末のLINEの「ホーム」画面で⚙をタップし、<アカウント引き継ぎ>をタップします。 |

設定	×
👤 プロフィール	>
🪪 アカウント	>
🔒 プライバシー管理	>
✅ アカウント引き継ぎ	>
🔖 Keep	

| 2 | 「アカウントを引き継ぐ」の○をタップし、 |

< アカウント引き継ぎ設定 ×

アカウントを引き継ぐ ◯

引き継ぎしない場合は絶対に設定をオンにしないでください
この設定をオンにすると、他のスマートフォンにアカウントを引き継ぐことができるようになります。
オンにしてから一定時間が経過するか、引き継ぎが正常に完了すると、設定が自動的にオフになります。

| 3 | <OK>をタップします。 |

引き継ぎしない場合は絶対に設定をオンにしないでください
この設定をオンにすると、他のスマートフォンにアカウントを引き継ぐことができるようになります。
オン...　　　　　　　　　　　　　する
と、設　　　　　　**確認**

設定をオンにしてから36時間の間、他のスマートフォンにアカウントを引き継ぎます。
アカウントを引き継がない場合は設定を変更しないでください。オンにしますか？

| キャンセル | OK |

| 4 | 機種変更後の端末のLINEで<はじめる>をタップし、電話番号を入力して、 |

日本 (Japan) ▾

08000000000　　　　　　　❌

f Facebookログイン　　　　→

| 5 | ●→<送信>の順にタップします。 |

| 6 | 手順❹で入力した電話番号にSMSが届くので、記載されている認証番号を入力します。 |

認証番号を入力

08000000000にSMSで認証番号を送信しました。

| － |

| 7 | アカウントの名前が表示されます。自分のアカウントで間違いがなければ、<はい、私のアカウントです>をタップします。 |

おかえりなさい、高田 悠介！

08000000000が登録されたアカウントが見つかりました。
あなたのアカウントですか？

はい、私のアカウントです

いいえ、違います

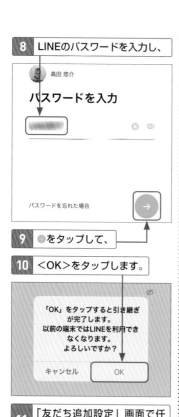

8 LINEのパスワードを入力し、

高田 悠介

パスワードを入力

パスワードを忘れた場合

9 ●をタップして、

10 <OK>をタップします。

「OK」をタップすると引き継ぎが完了します。
以前の端末ではLINEを利用できなくなります。
よろしいですか?

キャンセル　　OK

11 「友だち追加設定」画面で任意の項目をタップし、

友だち追加設定

以下の設定をオンにすると、LINEは友だち追加のためにあなたの電話番号や端末の連絡先を利用します。
詳細を確認するには各設定をタップしてください。

友だち自動追加

友だちへの追加を許可

12 ●をタップします。

13 <トーク履歴を復元>をタップします。

トーク履歴を復元

前回のバックアップ: 今日 15:02
容量合計: 280 KB
iCloudにバックアップしたトーク履歴を復元できます。

トーク履歴をいま復元しない場合、あとで復元することはできません。
また、トーク履歴の復元には時間がかかる場合があります。

トーク履歴を復元

トーク履歴を復元せずに続行

14 引き継ぎが完了します。

ホーム

高田 悠介　　Keep

グループ1

友だち2

サービス　　すべて見る

OpenChat　スタンプ　着せかえ　GAME

＋
追加

あなたにおすすめのスタンプ　　もっと見る

ホーム　トーク　タイムライン　ニュース　ウォレット

③ 電話番号を変更した端末に引き継ぎをする ✦

1 機種変更前の端末のLINEでアカウントの引き継ぎ設定をオンにし、機種変更後（新しい電話番号の端末）のLINEで＜はじめる＞をタップします。

2 新しい電話番号を入力し、

同意のうえ、電話番号を入力して矢印ボタンをタップしてください。

日本 (Japan) ▼

08000000000   ⊗

f Facebookログイン   →

3 ● → ＜OK＞の順にタップして、

4 SMSで届いた認証番号を入力します。

認証番号を入力

08000000000にSMSで認証番号を送信しました。

— — — — — —

5 ＜アカウントを引き継ぐ＞をタップします。

アカウントを引き継ぎますか？

アカウントを持っている場合は、そのアカウントに登録された電話番号またはメール

アカウントを引き継ぐ

6 ログイン方法を選択します。ここでは＜以前の電話番号でログイン＞をタップします。

‹   ?

ログイン方法を選択

アカウントに登録した、電話番号またはメールアドレスでログインできます。

以前の電話番号でログイン

メールアドレスでログイン

7 機種変更前の端末の電話番号を入力し、●をタップして、LINEのパスワードを入力したら●をタップします。

8 自分のアカウントの名前が表示されたら、＜ログイン＞をタップします。

勝又 晴香としてログイン

このアカウントを使用するには、[ログイン]をタップしてください。

タップすると、以前の端末からこのアカウ

ログイン

9 次の操作からはP.184手順 **11**（iPhoneではP.186手順 **11**）以降を参考にしてください。

第8章 LINEの＜引き継ぎ＞でここが困った！

スタンプや着せかえの復元はどうすればよい？

アカウントの引き継ぎ後、購入したスタンプや着せかえは自動では復元されません。同じスタンプや着せかえを利用するには、再ダウンロードしましょう。

1 スタンプや着せかえは自動復元されない

　正しく引き継ぎを行えば、LINEのスタンプや着せかえも問題なく新しい端末に引き継ぐことができます。ただし、スタンプや着せかえは自動では復元されません。スタンプや着せかえを復元するには、再ダウンロードを行いましょう。

　スタンプは、「ホーム」画面で🔧をタップし、＜スタンプ＞→＜マイスタンプ＞の順にタップすると、以前の端末で利用していたスタンプが表示されます。＜すべてダウンロード＞をタップすると、有料のスタンプもすべて復元することができます。

　着せかえは、「ホーム」画面で🔧をタップし、＜着せかえ＞→＜マイ着せかえ＞の順にタップし、再ダウンロードしたい着せかえの＜ダウンロード＞をタップします。

▲スタンプの再ダウンロードは、＜スタンプ＞→＜マイスタンプ＞→＜すべてダウンロード＞の順にタップする

▲着せかえの再ダウンロードは、＜着せかえ＞→＜マイ着せかえ＞→＜ダウンロード＞の順にタップする

引き継ぎ

機種変更したけどメールアドレスや パスワードがわからない!

機種変更の際、メールアドレスを覚えていれば、パスワードを忘れて しまっても再発行することができます。メールアドレスがわからない場 合は、パスワードの再発行やトーク履歴の復元はできません。

① パスワードを再発行する

機種変更をして新しい端末に LINE を引き継ぎたいとき、パスワードを 忘れてしまった場合は、LINE に登録していたメールアドレスさえわかれ ばパスワードを再発行することで引き継ぎを行えます。パスワードの再発 行にはメールアドレスが必須です。そのため、パスワードもメールアド レスも忘れてしまったという場合は、引き継ぎを行うことができません。機 種変更をする前に、登録情報をしっかりメモしておくとよいでしょう。

▲引き継ぎ中にパスワードを忘れてしまった ら、P.183手順**8**で＜パスワードを忘れた場 合＞をタップし、メールアドレスを入力して ＜OK＞→＜OK＞の順にタップする

▲メールで届いたURLにアクセスし、新しく 設定したいパスワードを2回入力して＜確 認＞→＜OK＞の順にタップする。LINEの 画面に戻り、新しいパスワードを入力して引 き継ぎ操作を進める

189

索引
INDEX

■ **お問い合わせの例**

> ### FAX
>
> **1 お名前**
>
> 技術 太郎
>
> **2 返信先の住所または FAX 番号**
>
> 03-XXXX-XXXX
>
> **3 書名**
>
> 今すぐ使えるかんたん mini
> LINE で困ったときの
> 解決&便利技 [改訂 2 版]
>
> **4 本書の該当ページ**
>
> 140 ページ
>
> **5 ご使用のソフトウェアのバージョン**
>
> Android 10
> LINE バージョン 10.2.1
>
> **6 ご質問内容**
>
> 手順 2 の画面が表示されない

今すぐ使えるかんたん mini
LINE で困ったときの
解決&便利技 [改訂 2 版]

2015 年 8 月 31 日 初版 第 1 刷発行
2020 年 5 月 6 日 2 版 第 1 刷発行

著者●リンクアップ
発行者●片岡 巖
発行所●株式会社 技術評論社
　　　　東京都新宿区市谷左内町 21-13
　　　　電話 03-3513-6150 販売促進部
　　　　　　 03-3513-6160 書籍編集部
編集●リンクアップ
担当●伊藤 鮎
装丁●田邉 恵里香
本文デザイン・DTP ●リンクアップ
製本/印刷●図書印刷株式会社

定価はカバーに表示してあります。

落丁・乱丁がございましたら、弊社販売促進部までお送りください。
交換いたします。
本書の一部または全部を著作権法の定める範囲を超え、無断で
複写、複製、転載、テープ化、ファイルに落とすことを禁じます。

©2020 リンクアップ

ISBN 978-4-297-11263-9 C3055

Printed in Japan

> **お問い合わせについて**

本書に関するご質問については、本書に記載
されている内容に関するもののみとさせてい
ただきます。本書の内容と関係のないご質問
につきましては、一切お答えできませんので、
あらかじめご了承ください。また、電話での
ご質問は受け付けておりませんので、必ず
FAX か書面にて下記までお送りください。
なお、ご質問の際には、必ず以下の項目を明
記していただきますようお願いいたします。

1 お名前
2 返信先の住所または FAX 番号
3 書名
　（今すぐ使えるかんたん mini
　　LINE で困ったときの解決&便利技 [改訂 2 版]）
4 本書の該当ページ
5 ご使用のソフトウェアのバージョン
6 ご質問内容

なお、お送りいただいたご質問には、できる
限り迅速にお答えできるよう努力いたしてお
りますが、場合によってはお答えするまでに
時間がかかることがあります。また、回答の
期日をご指定なさっても、ご希望にお応えで
きるとは限りません。あらかじめご了承くだ
さいますよう、お願いいたします。ご質問の
際に記載いただきました個人情報は、回答後
速やかに破棄させていただきます。

> **問い合わせ先**

〒 162-0846
東京都新宿区市谷左内町 21-13
株式会社技術評論社　書籍編集部
「今すぐ使えるかんたん mini
LINE で困ったときの解決&便利技 [改訂 2 版]」
質問係

FAX 番号　03-3513-6167

URL：http://book.gihyo.jp/116